わさびの日本史

鮨・蕎麦・刺身……
和食との
出会いを探る

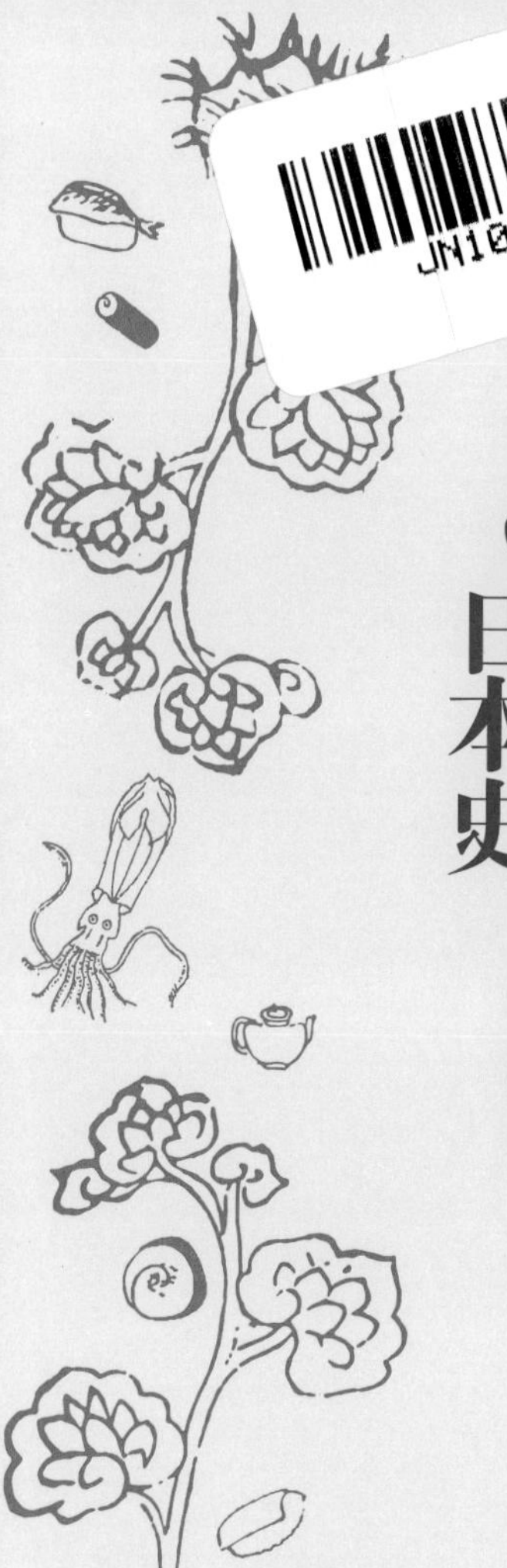

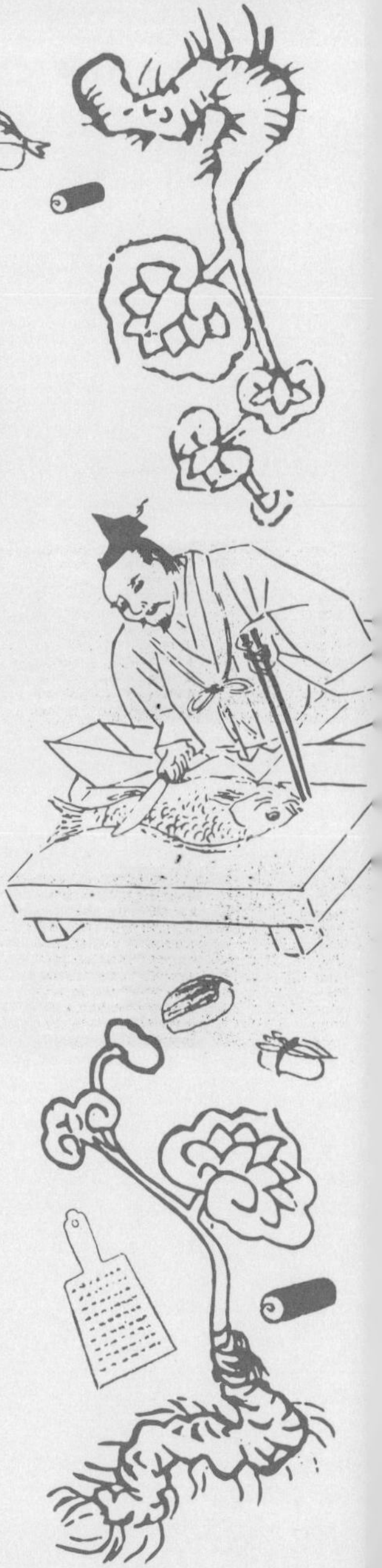

山根京子

文一総合出版

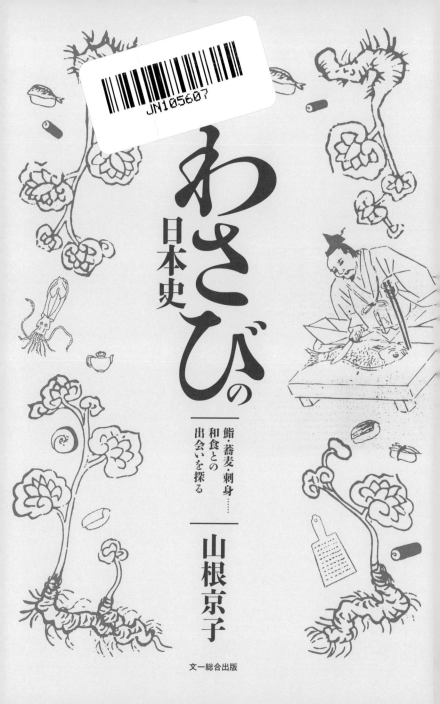

わさびの日本史　目次

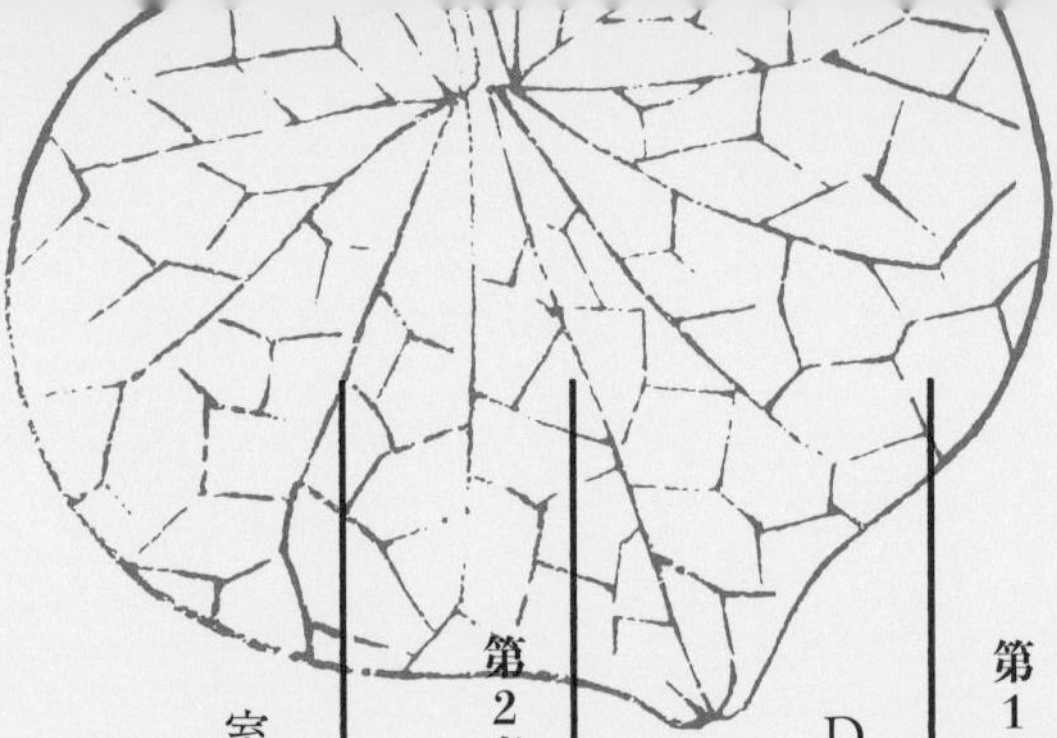

はじめに

全てはここから始まった——1

第1章——人類史以前のワサビ——5

DNAでわかったワサビの来た道——6

中国・雲南省への旅——11

栽培植物起源学——16

第2章——昔の人は、ワサビをどのように食べていたのだろうか？——23

室町時代以前——24

飛鳥時代・奈良時代——25

平安時代——28

鎌倉時代——31

どのように利用していたのか——32

最大のターニングポイント——室町時代——35
御成の記録——36
寺社の記録や家記、料理書——37
御伽草子——40
安定の時代へ——安土桃山時代以降——42

第3章 ワサビの謎——45

謎の壱 戦国三英傑はワサビを食べたのだろうか？——47
御成の献立で検証する——49
織田信長——49
豊臣秀吉——51
茶会の記録で検証する——53

謎の弐 徳川家康とワサビの運命的な出会いとは？——61
伝説を追って——63
奇跡の出会い——67

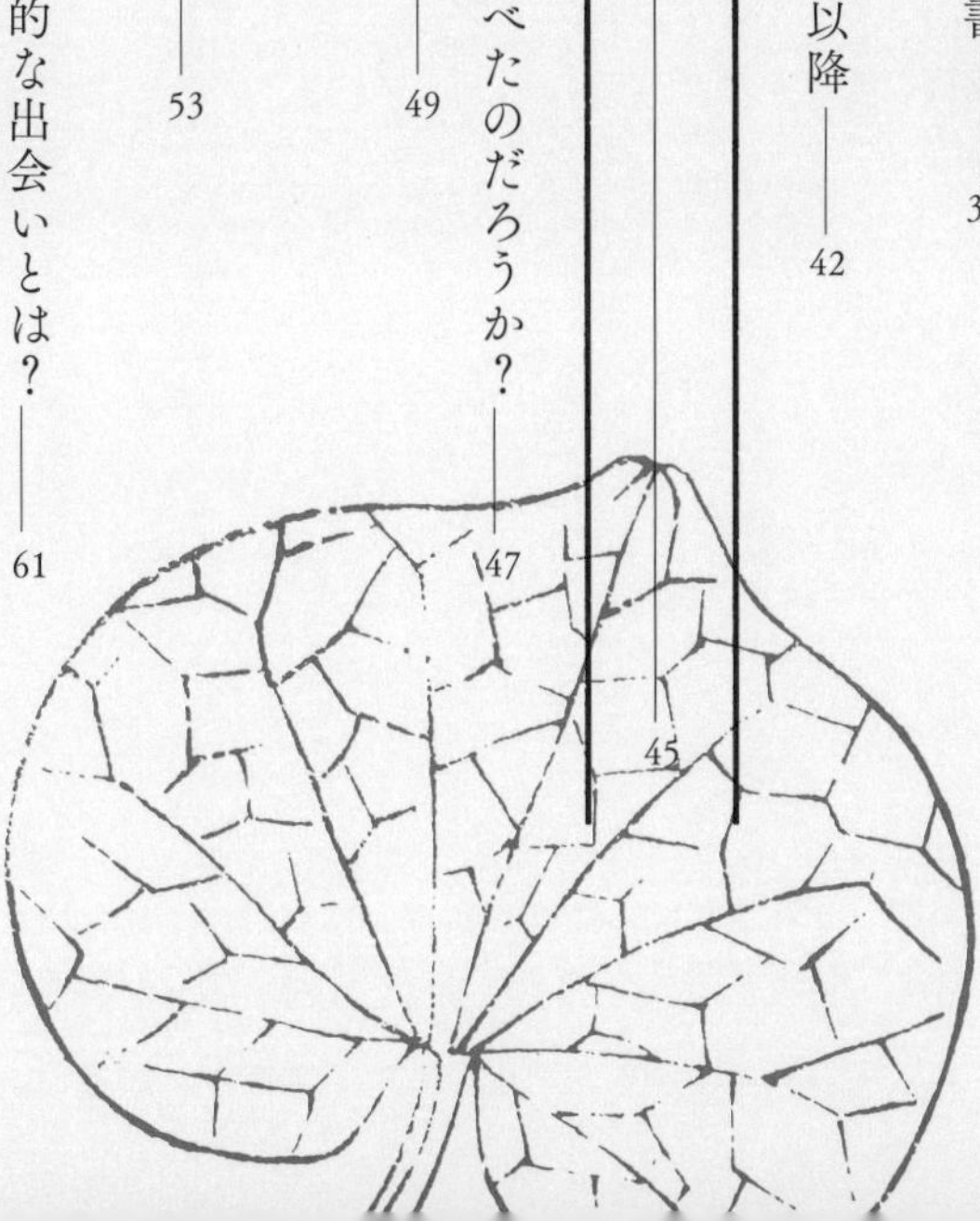

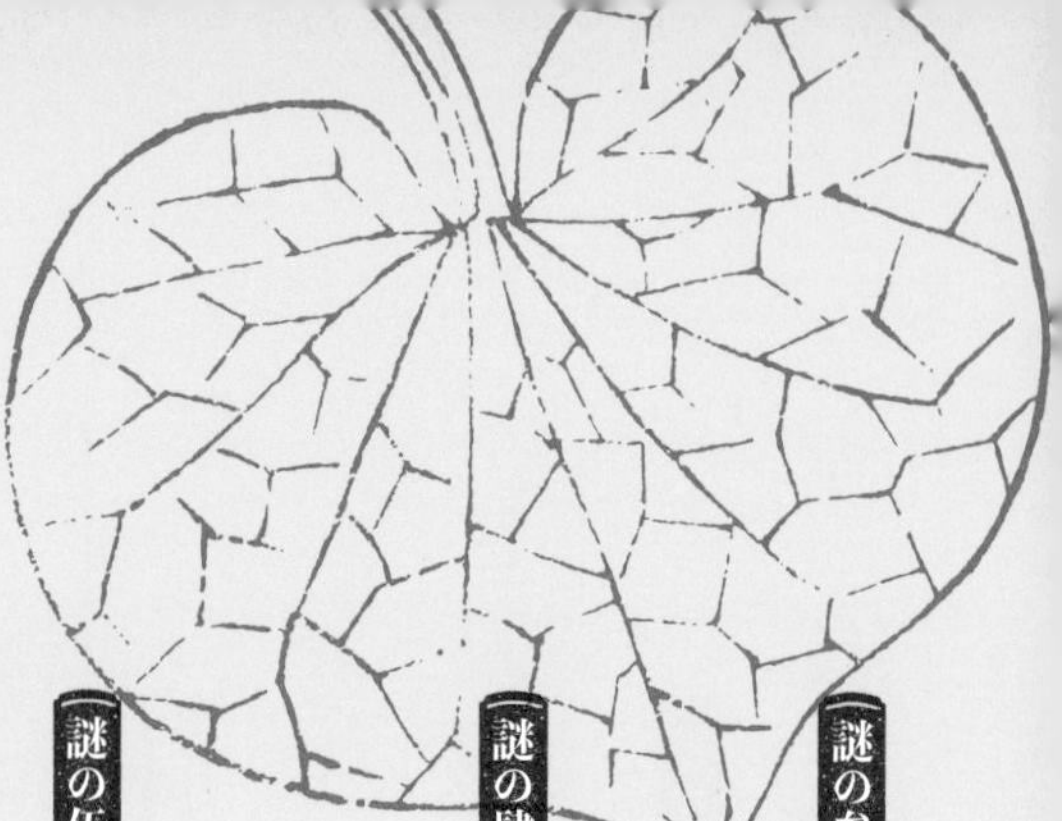

謎の参

江戸初期、ワサビはどのように使われた？——71

江戸の料理書に登場するワサビ——73

朝鮮通信使に供されたワサビ——81

謎の肆

「握りずしにワサビ」が定番になった訳は？——97

握りずしの文化を生んだ江戸——99

握りずしの起源——101

ワサビの地位を不動にしたものとは——111

謎の伍

日本全国津々浦々にワサビが定着した理由とは？——115

謎の陸

昔のワサビはどのような形をしていたのだろうか？——125

描かれたワサビ——127

謎の漆

栽培ワサビの起源地は？——141

栽培ワサビは武田領から来た？——143

ワサビ栽培最大の功労者にまつわる謎——150

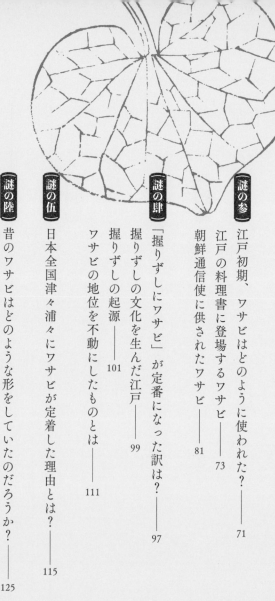

門外不出の有東木ワサビはなぜ流出した？——169

謎の捌 神宿る山にもう一つの栽培起源地が？——177

謎の玖 誰も知らない「かちかち山」とは？——187

石川県の「かちかち山」——189

謎の什 日本でワサビ食文化が定着したのはなぜ？——199

ワサビととうがらし——201

肉食禁忌の歴史的背景——205

日本独自の料理法と香辛料——209

最後の謎 どうなる？ ワサビの未来——211

世界からワサビが消えたなら……——213

栽培品種は、失われたら復元困難——217

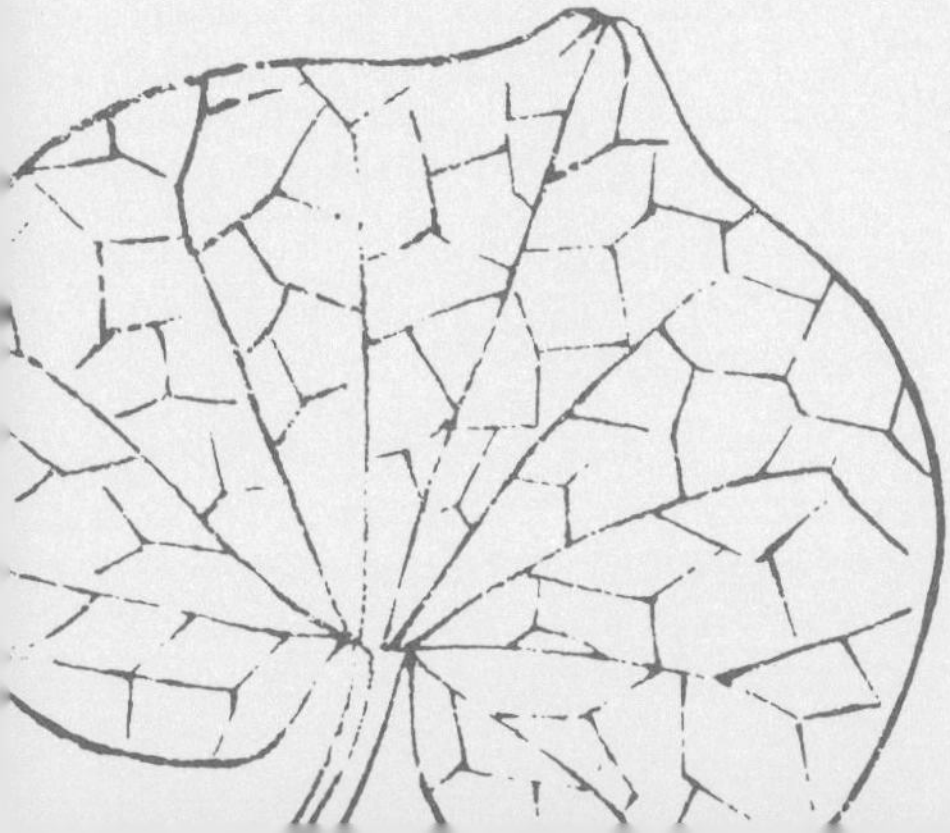

おわりに――228
追記――ここからはじまるわさびの物語――234
コラム　ワサビの方言の多様性が低いわけ――20
海を渡ったワサビ――92
カステラにワサビ？――122
山葵祭りが貴重な訳――222
引用文献　239

はじめに

全てはここから始まった

2006年春。

山深い谷間で一人。目の前に広がるのは一面のワサビの花。まだシカによる食害も今ほどひどくなかった頃。よく見るとミヤマカタバミやニリンソウも、かわいらしい花を咲かせている。春とはいえ、沢を吹きぬける風にはきりっとした冷たさが残る。足元を流れる水は清らかすぎて、自分がその場にいることだけが時空をゆがめているような、落ち着かない気持ちになる。

ワサビの沢の春は、無音ではない。雪解け水を含み、勢いよく流れる水の音は想像以上に大きく、人の気配を消してしまう。これが困りもので、冬眠あけでおなかをすかせたクマが、沢蟹にありつこうとやってきた際に、鉢合わせの危険性が高まる。そのため、現地で調査をする際には、常に自分がそこにいることを知らしめるための音をたてる必要があり、決して油断はできない。そんな緊張感のなかで、視界に入る鮮やかな緑色のワサビたちは、吹き抜ける風に心地よさそうに揺れている。その姿がとても幸せそうにみえて、束の間ほっとした気持ちになる。

ふと思う。今まさに自分の目の前にいるワサビたちは一体何者なのだろうか。これが真の野生の姿なのか？　それとも、かつて誰かが持ち込んだ栽培物の生き残りなのか？　伊豆のワサビと目の前のワサビを比べても、どうしても明確な違いを見つけられない。

すぐに現実に引き戻される。急に自分が今、深い山にたった一人でいることを思い出し、そこはかとない恐怖がこみあげてくる。

その瞬間、気付いてしまった。

自分が驚くほど何も知らないことに。

目の前に広がる景色は、何千年、何万年も前から続いているのかもしれない。人間が文化的な営みを始めるよりずっと前から変わらぬ風景を、自分は見ているのかもしれない。人類がいなければ、ワサビは今ごろ、日本中の美しい谷で、たくさんの種類の植物とともに花を咲かせていたのかもしれない。そんな平和なワサビたちの生活は、人類の登場により一変してしまう。人により特別な植物と認識された世界で、人間がいなければ決して世に生み出されることがなかった栽培ワサビが誕生した。人間がいなければ生じなかったような不可逆的な環境変化により、植物の楽園は奪われてしまった。

何万年の時を感じ、無数の命に囲まれて一人たたずみながら、「栽培ワサビ」が誕生した瞬間に思いを馳せる。目の前の植物は、「ワサビ」であると認識できない人にとっては、ただの草にしか見えないだろう。しかし目の前の草は、「ただの草」でなくなった。根こそぎ引き抜かれ、「すりおろす」という行為を経て、鮨に刺身に蕎麦に、日本中のあちこちで、世界中で、食されることになった。いったい「いつ頃」、「どこで」、「どうやって」、「誰の手」により、ワサビは特別な植物として認識されるようになったのだろうか。

美しい森の一部を構成しているワサビが、人間の手によって持ち出され、世の中にひろがってゆくイメージを描こうとした時、気が付いてしまったのである。目の前に広がる風景と、これまで多くの人が口にしてきた「わさび」の間には、深い闇が広がっていることに。この「闇」こそ、自分が知りたいと思った謎の本体であることに。今から思えば、あの時、あの谷で「闇」の存在を感じた瞬間から、一生かけてこの謎に取り組む覚悟が決まったのだと思う。

あれから十五年。ワサビの歴史を紐解くために、日本全国三百か所近くを訪れ、隣国中国の山奥にも足を運んだ。DNA分析技術も確立した。まったく何もわからなかった頃に比べれば、じつに多くのことがわかってきた。それでもまだ解き明かせない疑問がたくさん残されている。実はこのワサビという植物については、その成り立ちや食文化に与えた影響について、たくさんのわからないことが存在するのである。にもかかわらず、これまで史実や記録から検証されることは一度もなかった。

ワサビとは、何故にかくも魔訶不識な植物なのだろう。一見ただの草にしか見えないのに、ときにはラグビー選手をものたうちまわらせる力を発揮する。その圧倒的な存在感により、他に代わるものがないゆるぎない地位を確立するまでになった。鮨、刺身、蕎麦、これらの献立には必ずといってよいほど添えられており、和食に欠かせない存在となった。当然、日本人の食文化に少なからず影響を与えてきたと考えられるのである。だとすれば、生物の進化が「DNA」に刻まれてきたように、ワサビと人の関係も、人間が遺してきた「史料」などに刻まれているのではないか。こうした歴史上に刻まれた記録を検証することで、残された多くの謎を解く糸口が見いだせるのではないか。本書の主たるねらいはここにある。

ワサビと日本人の歴史を紐解く前に、まずは植物としてのワサビがたどってきた進化の道すじについて、これまでわかったことを紹介しよう。ワサビという植物が日本に存在することが決して当たり前ではなく、いかに多くの偶然の蓄積により成り立ってきたのかを理解していただけるだろう。

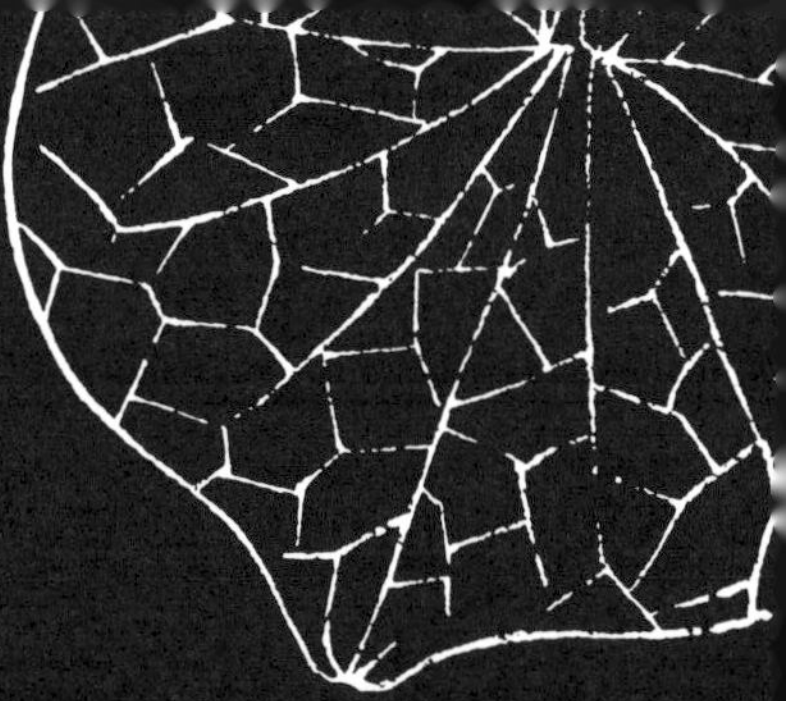

第1章

人類史以前のワサビ

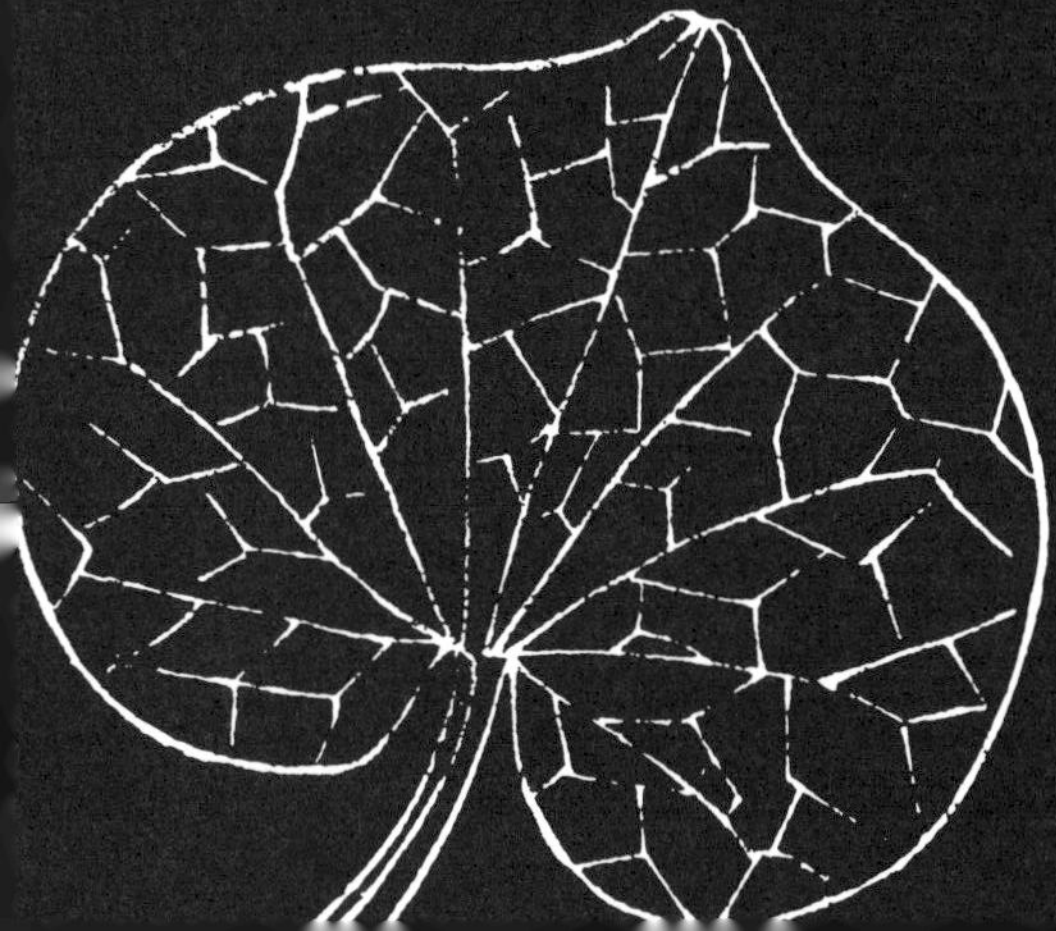

DNAでわかったワサビの来た道

人類よりも前に日本列島にやってきて氷河期時代を生き延びたワサビは、人の登場により大きな影響を受けることになる。本書は人が登場した後の話が中心になっているが、ワサビと日本人とのかかわりを紐解く前に、まずは「植物としてのワサビ」がどこから来たのか、100万年前の時代について、ごく最近、私の研究室の羽賀夏子さんたちにより大筋が示された「ワサビの来た道[1]」について、簡単に説明しよう。

植物には、「ゲノム」とよばれる生命維持に必要なDNAの最小単位セットが、三種類存在する。羽賀さんたちが、ワサビを材料に、そのうちの一つである葉緑体ゲノムのすべての塩基配列を解読したことで、日本*のワサビ属植物のルーツに関する理解が進んだ。

*日本のワサビ属植物は、ワサビ(*Eutrema japonicum*)とユリワサビ(*E. tenue*)の二種が知られていたが、近年オオユリワサビ(*E. okinosimense*)が記載され、三種となった。15年にわたる観察結果から、オオユリワサビの非常に興味深い進化の過程がわかってきている。

氷河期と間氷期とワサビ

そもそもワサビは、日本列島が形成された時代にすでに日本に分布していたのかどうかさえ、全くわかっていなかった。日本のワサビ属植物の来た道を明らかにできるかどうかは、大陸のワサビ属植物が解析できるかどうかにかかっていた。

２０１８年、中国の研究グループにより、中国のワサビ属植物の葉緑体ゲノムが解読された。羽賀さんたちは、このとき公開されたデータを用いて解析し、日本のワサビ属植物が大陸のワサビ属植物との共通祖先からいつ頃分岐したのかを明らかにすることができた。他国由来の植物の塩基配列を自分たちで解読することなくデータベースから入手し、利用できたことは幸運であった。

その結果、日本のワサビ属植物は予想以上に分岐が浅く、日本列島が形成されたとされる年代よりもずっと新しい時代に分岐したことがわかった。

このことは、日本列島形成期にはまだワサビ属植物は列島には存在していなかったことを示している。

ところが、ここで新たな疑問が生じた。「日本列島が形成された」ということは、日本列島と大陸の間に海水が入り込んだことを意味する。これにより植物の大陸との往来が絶たれてしまったとすれば、現在日本列島に存在するワサビはどこから来たのだろうか。年代推定の結果、ワサビと大陸のワサビ属植物が分岐したのは、約100万年前であることがわかった。この年代こそ、日本のワサビのルーツを解く重要な鍵となったのである。

日本列島が形成された後、地球は氷河期に見舞われている。このとき、海水面が下がり、大陸と分断されていた日本列島が一時的に陸続きになったと考えられる。日本のワサビ属植物は、この時代に大陸から入り込んできたのだろう。

その後、気候が温暖な間氷期になると、大陸と陸続きになっていた場所に再び海水が流入し、日本列島と大陸は分断される。こうなると、植物は大陸側

日本のワサビ属植物の分布変遷

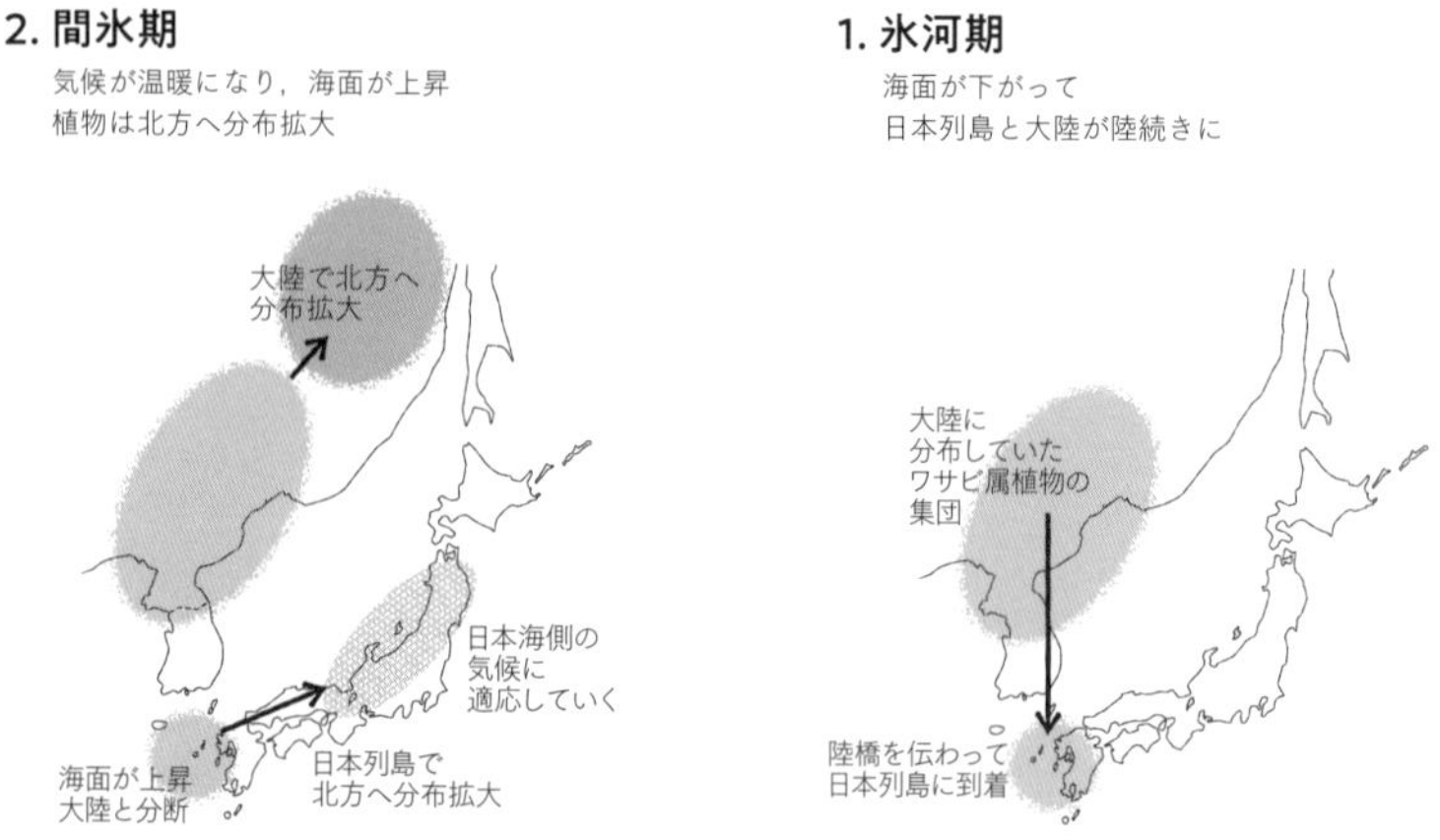
1. 氷河期
海面が下がって
日本列島と大陸が陸続きに
大陸に
分布していた
ワサビ属植物の
集団
陸橋を伝わって
日本列島に到着
2. 間氷期
気候が温暖になり，海面が上昇
植物は北方へ分布拡大
大陸で北方へ
分布拡大
日本海側の
気候に
適応していく
海面が上昇
大陸と分断
日本列島で
北方へ分布拡大

に戻ることはできず、日本列島の中を北上することになる。その後再び氷河期が訪れた際には、同様のルートで大陸から別のワサビの共通祖先集団が日本に入ってきたと考えられる。

このような移動モデルに従うと、日本列島に分布するワサビ祖先集団が、複数回（一回の氷河期の間に二回以上移動することもありうる）大陸から移動してきたことにより、日本列島では、ワサビ属集団の遺伝的多様性は高まっていったであろうことが予測された。

日本国内の多くの系統を調べた結果、推察どおり、日本のワサビ属植物の遺伝的多様性は高いことがわかった。最近、羽賀さんたちによる研究で、ワサビの辛味関連成分においても極めて高い多様性が存在することが明らかとなり、この仮説を裏付ける結果が得られている。これも、氷河期の影響によるものであると私たちは考えている。

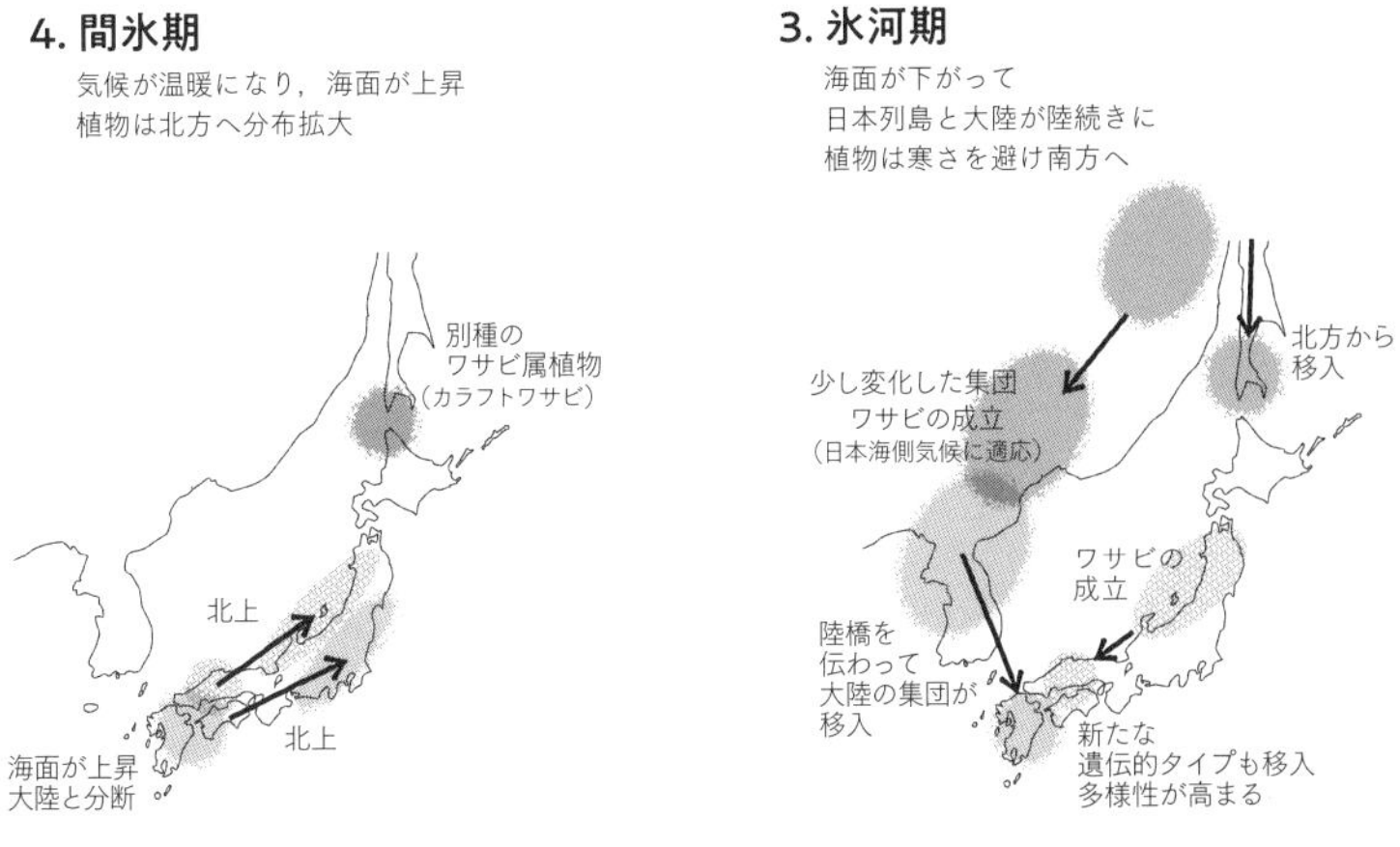
3. 氷河期
海面が下がって
日本列島と大陸が陸続きに
植物は寒さを避け南方へ
北方から
移入
少し変化した集団
ワサビの成立
（日本海側気候に適応）
ワサビの
成立
陸橋を
伝わって
大陸の集団が
移入
新たな
遺伝的タイプも移入
多様性が高まる
4. 間氷期
気候が温暖になり，海面が上昇
植物は北方へ分布拡大
別種の
ワサビ属植物
（カラフトワサビ）
北上
北上
海面が上昇
大陸と分断

野生ワサビの危機

さらに、ワサビは「日本海要素植物」とよばれる、日本海側を中心に分布する植物であることがわかってきた。日本は、低緯度ながら極めて積雪量が多いという、世界的に見ても珍しい気候帯である。ワサビはとくにこの日本海側の多雪地帯に適応して進化した植物であると考えられるのである。[①]ところが日本海側では、地球環境の変化により積雪量の減少が懸念され、ワサビ集団の消失も危ぶまれている。こうした状況は、2005年からの日本全国調査のなかで、目にみえる形で実感するようになった。このことが、私がワサビの保全活動に力を入れている背景ともなっている。

未だ多くの未解決の課題が残されてはいるものの、技術の進歩に加え、羽賀夏子さんや小林恵子さんをはじめとする優秀な研究室のメンバーにも助けられ、「ワサビの来た道」に関して多くの新しい知見が得られるようになった。研究開始から10年以上かかってしまった計算になるが、今後はDNA分析でわかることがますます増えるだろう。

中国・雲南省への旅

私がワサビ研究を開始した頃、ワサビに関する基礎研究は驚くほど行われていなかった。分類上の問題点も見つかり、調べれば調べるほどわからないことが増えた。目の前のワサビが野生なのか栽培なのか、というごく基本的な問いに対して答えるための明確な定義が存在せず、研究を開始する段階でつまづいてしまっていたのである。当然、「真の野生種は日本に存在するのだろうか？」という疑念すら抱いてしまった。当時は（正確に言うと今も）、野生と栽培の区別を見た目だけで判断できなかった。ワサビの分類に関して正しい知見を得るためには、同じワサビ属の近縁野生種の形態を確認するしかないと確信し、2006年に中国の雲南省と北京の中国科学院植物研究所でワサビ属植物の標本を調べることにした。実はワサビ属植物は、世界に三十種近くあるとされており、その大半が中国に自生している。ワサビ属全体の

私はポストドクターを経て、大阪府立大学の生命環境科学研究科に任期付き助教として着任した。「照葉樹林文化論」を提唱した中尾佐助先生の流れをくむ山口裕文先生の研究室に所属できたことは幸運であった。本章での海外調査が実現できたことも、山口先生のお力によるところが大きい。現在の研究スタイルにおいても少なからず影響を受けている。

形態の多様性を知ることで、日本のワサビに対する理解が深まるのではと考えたのである。

してはいけない発見!?

この頃にはすでに、日本の主要な標本庫のワサビ属植物については全て調べ終わっていたため、予備知識は万全である。どんな標本に出会えるのか、ドキドキしながらも心の準備はできていた、はずだった。ついに念願の標本を目にしたその瞬間、思わず自分の目を疑った。*Eutrema yunnanense* と書かれた雲南省の標本が、あまりにワサビにそっくりだったからである。このワサビにそっくりな植物は、中国ではシャンユサイとよばれ、*Eutrema yunnanense* という学名もつけられ、分類学上ワサビとは別種である。その事実は認識していたものの、現物を見て驚くほど似ていたためうろたえてしまった。

日本のワサビは、学名を *Eutrema japonicum* とする日本固有種であると信じられてきた。それなのになぜ、ワサビに瓜二つの植物が、中国の雲南省という、日本から四千キロ以上も遠く離れた場所に存在しているのだろうか。ひょっとして私たちは大きな勘違いをしてきたのではないか。ワサビは日本にしかないというのは思い込みで、実際は中国にもあり、もともと日本のワサビは過去に誰かが中国から日本へ持ち込んだのではないか。だとしたら「ワサビは日本のもの」という常識を覆すことになってしまう。この時、興味深い発見ができたという喜びよりも、真実と向き合うことの恐ろしさに戸惑いながら帰路についたことを思い出す。帰国した後は、この疑問を解決するためにも、自分の目で、生きているシャンユサイ＝*Eutrema yunnanense* とその自生地の環境を、なんとしても確認しなければならないと、翌年に現地調査することを固く決心し、実行した。

シャンユサイが自生する山の風景（中国雲南省）

シャンユサイは辛くない！

「真実を知りたい」という熱意だけで、単身で中国に乗り込んだ。調査隊に日本人は私のみ。調査は過酷を極めた。ワサビ調査は、不器用な私にとっては日本国内でもかなりつらい。異国の、しかも高地での調査は、想像をはるかに超えた苦労の連続で、我ながらよく乗り越えられたと思う。

中国北西部、雲南省麗江市にある新主村へ向かう。標高三千メートルを超えると、突如として日本の落葉広葉樹林帯と見まがう美しい谷が広がった。薄い空気のなかで意識が朦朧とするなか、とびこんできた景色に自分の目を疑った。ワサビそっくりの植物が、ワサビそっくりの環境で花を咲かせていたのだ。一瞬、酸素が薄いせいで幻を見ているのではないかと思った。しかし、冷静になってよく見ても、目の前にいる植物はワサビにしか見えなかった。日本のワサビとシャンユサイの区別点である分類の鍵「苞葉の有無」*でも、明確に区別できなかったのである。

ワサビ属植物は、アブラナ科のなかでも形態的な多様性が高い。他の種もすべて調べたなかで、シャンユサイと日本のワサビ属植物は他の種とは全く似ておらず、この二種だけがよく似ていた。再び恐怖がこみあげてきた。やはり自分はとんでもない発見をしてしまったのかもしれない。

「日本のワサビは中国原産」

いかにもニュースになりそうな文字を思い浮かべ、憂鬱な気持ちで

＊「苞葉」とは、花芽を包む葉が変形した器官で、ワサビの場合はごく小さな葉の形をしている。花が咲いたあとも花茎の根元などに残っている。

朝市ではシャンユサイが一束八角で売られていた（角は中国の補助通貨で、十角が一元にあたる）。見た目はワサビ菜にそっくりだが、まったく辛くない。

帰国の途についた。帰国後すぐに中国の研究者と共同で行ったDNA分析は、従来の説「ワサビの日本固有種説」を支持する結果を示した。つまり、見た目はそっくりでありながら、DNAの塩基配列は大きく違うことがわかったのである。その後、葉緑体のゲノム分析で詳細に調べた結果も日本のワサビ固有種性を示し、心底ほっとしているというのが正直なところである。

結果的に、苦労した割には新しい発見はできていないように見える中国調査であったが、一つ大きな収穫があった。それは、形態的に非常によく似たシャンユサイが「全く辛くない」ことだった。何人かと一緒に食べてみたので、間違いない。シャンユサイは「辛くない」。日本のワサビ独特の風味もない。何の変哲もない「ただの山の草」と現地では認識されていることも、少数民族に対する聞き取り調査から明らかにできた。DNAがかなり違うのだから、当然といえば当然かもしれない。

ところがここで疑問が生じたのである。「なぜ、日本のワサビだけが辛いのか」。この謎に関しては、残された研究者人生をかけて挑む最大のミステリーと覚悟を決めて分析を進めている。

栽培植物起源学

ワサビが日本固有種であり、日本で栽培化された植物であることはどうやら確からしい。実はあまり知られていないが、日本で栽培が始まった植物は数少ない。イネは日本で栽培が始まったと誤解している人もいるかもしれない。ソバはどうだろう。どちらも和食らしい食材に思えるかもしれないが、栽培起源は日本ではない。イネやムギ、ソバは、大陸で栽培化され、日本に持ち込まれた作物である。現在スーパーで売られているほとんどの野菜もまた、海外から日本に導入された歴史をもつ。そのようななかでワサビは、日本で栽培化が行われたという点で、稀有な存在といえる。しかも、他に日本で栽培化された植物として知られているフキやミツバなどと比べると、海外での認知度も高く、日本が誇る経済植物といえる。

ところが、ワサビで行われた「栽培化」という歴史上の重要な出来事に関しては、ほとんど研究されてこなかった。「静岡県の有東木《うとうぎ》が起源地らしい」という説も、具体的かつ直接的な資料はなく、ワサビに何が起こったのかについては、全くわかっていない。このような、野生植物から栽培植物が生まれる経緯に関するさまざまな疑問を解く学問分野が「栽培植物起源学」である。

「栽培植物起源学」とは多くの人にとってはなじみのない言葉と思われるが、栽培植物が起源した場所（つまり、野生種を選抜した地点）と、選抜の対象となった野生祖先種の特定を主な課題としてきた研究分野だ。私は、田中正武先生の著書『栽培植物の起源②』に出会い感銘を受け、*京都大学農学部「栽培植物起源学研究室」の門をたたいた。そこで、ソバの起源地と野生祖先種の謎を解き明かした大西近江教授のもとで学位を取得した。その後も栽培植物起源学分野研究に一貫して取り組むことができ、恵まれていると思う。

現在では、技術革新により大量のＤＮＡデータが入手可能となり、栽培化にかかわった遺伝的変異の特定や機能解明など、研究の幅は広がっている。しかし、ワサビに関しては前述のとおり、何一つ研究は進んでいなかった。ＤＮＡデータも皆無で、私にとっては大変やりが

＊京都大学農学部の栽培植物起原学研究室の祖は、ゲノム分析で有名な木原均先生である。先生の「地球の歴史は地層に生物の歴史は染色体に記されてある（*The History of the Earth is recorded in the Layers of its Crust; The History of all Organisms is inscribed in the Chromosomes.*）という言葉に感動し、この分野で研究したいと思ったのが、進学を決めるきっかけとなった。

大西先生のもとで、世界に目を向ける研究スタイルと、集団遺伝学という非常におもしろい分野を学べたことが、その後の私の研究人生を決定づけた。

いのある植物に思えた半面、時間も手もかかる材料でもあった。研究を進めてゆくうちに、DNA分析でわかったこともありつつ、それだけでは解き明かせない謎は謎のままとなっていた。

深い山でひっそりと生えていた一見なんの変哲もない植物が、現代のように食材として浸透するに至るまでの過程には、いったい何があったのだろう。その全容は、DNA分析だけでは見えてこない。私は、人（ここでは日本人）の側の歴史上の記録をたどることで、ワサビと日本人との関係がみえてくるのでは、と考えたのである。経済的に重要な他の栽培植物の起源学では、規模が一万年から数千年であったり、異国の地が舞台であったりするため、歴史的な検証は難しかった。島国であり、同一の民族が長く国家を形成してきたという特徴を持つ日本列島は、歴史的な検証をするには恵まれた条件が比較的そろっているといえるだろう。

このような背景から、ワサビが登場する過去の記録を片っ端から集めることにした。これらの史料をまとめた年表を眺めていると、ワサビを通して日本の食文化の歴史的な変化がみえてくる。長い歴史のなかで、ワサビは常にワサビでありながら、人とのかかわり方が変化し

*考古学的なデータは別である。

たことで、その姿形まで変えることになった。いったいワサビに何が起こったのか。巻末の年表を参考にしながら、次第に変わりゆく利用法や文献上での登場の仕方を眺め、疑問や謎を一緒に検証していただきたい。ひょっとすると、私も気が付いていない答えが隠されているかもしれない。

歴史的な出来事が生じた時代背景などを、年表から検証する作業は、宝さがしに似ていると思う。本書を通じ、私が研究で感じているワクワク感を少しでも味わってもらえたら、そして何より読後、ワサビをより身近に感じてもらうことができれば、幸甚である。

コラム
ワサビの方言の多様性が低いわけ

植物にも方言がある。身近なところでいばダイコンには「こおーね」、「でーくに」、「でこん」など、六十七種類もの方言が存在したことがわかっている[3]。

方言の種類が多様な野菜は、
①古くから日本に存在すること、
②用途が多様であること、
が特徴だという。ワサビはどうだろうか。『日本植物方言集成』[3]には以下の方言が記載されている。

からし（薩摩、三重）、
しゃんしょのき（島根）、
せんの（秋田）、
ひの（青森、秋田）、
ふしべ（秋田）、
ふすべ（秋田）、
わさびな（京都）…
計七種類（全て抜粋）

そもそもワサビに方言があることすら知らない人なら「意外と多い」と感じるかもしれないが、ダイコンと比べると数の違いは顕著である。他の植物と比べても決して多いとは言えない。たとえば、ワサビと同様に日本で栽培が始まったとされているウドやミツバ、そして日本に導入された歴史が浅いトマトやオクラでも、二十以上が紹介されている。

なぜワサビは方言が少ないのだろうか。謎を解く鍵となりそうな植物として、かなり古くから香辛料として利用されてきたサンショウとショウガについて調べてみた。その結果、サンショウ（「きのめ」他）、ショウガ（「はじかみ」、「はじかめ」他五種類）の両方とも方言の数が少ないことがわかった。

ワサビという呼称は、第2章で紹介するように、飛鳥時代以降、1300年以上もの間利用されてきた。決して方言が定着するための時間が短かった訳ではない。

上記①の条件は満たしている。ではなぜ方言の数が少ないのか。ワサビやサンショウ、ショウガといったいわゆる「香辛料」は、その際立つ個性から、用途が限定され、呼称の多様性がうまれにくかったと考えられる。つまり、②の条件が合致しないのだ。そのため「辛い」という圧倒的存在感と個性をもつワサビは、呼び方が断定となり、統一され続けたと考えてよいだろう。

「わさび」の語源や由来に関しては諸説あるものの、決定的な説はない。

他の植物はどうだろう。青葉高[4]によると、最も古い野菜の記録は中国の『魏志倭人伝』中で邪馬台国の状況を記した「ショウガ、タチバナ、サンショウ、ミョウガ」であるという。

『古事記』、『日本書紀』、『万葉集』などの8世紀の書物にはウリ（瓜）、ヒサゴ（瓠）、ナス（茄子）、アオナ（菘菜）、チサ（萵苣）、キ（葱）、ヒル（蒜）、オオネ（蘿蔔）、カブラ（蕪菁）が記載されている。これらが日本で古くから認知され利用されていた野菜類である。いずれの資料にもワサビは登場しない。それは、この時代は未だ一般的ではなかったからだろう。興味深いことに、これらの野菜に比べても、ワサビの呼び名は語源や由来がはっきりしていない。こうした点からも、謎多き植物といえるだろう。

私は、現在のワサビの呼称の多様性がどのように分布しているのかを、全国の道の駅に電話でアンケートを行い調査した（「農業及び園芸」2011年「ワサビにおける農業直売部門が果たす役割と文化地理学的傾向——道の駅の聞き取り調査から——」を参照）。その結果、非常に興味深い結果が得られた。ワサビの分布と呼称の多様性の間には関係性がみられ、野生ワサビの分布域での呼称の多様性が高い傾向がみられたのである。

有名な産地である伊豆では、多様性はみられなかった。このことは、栽培起源地の問題とも関係するため、重要であると考えている。第3章で詳しく述べる。

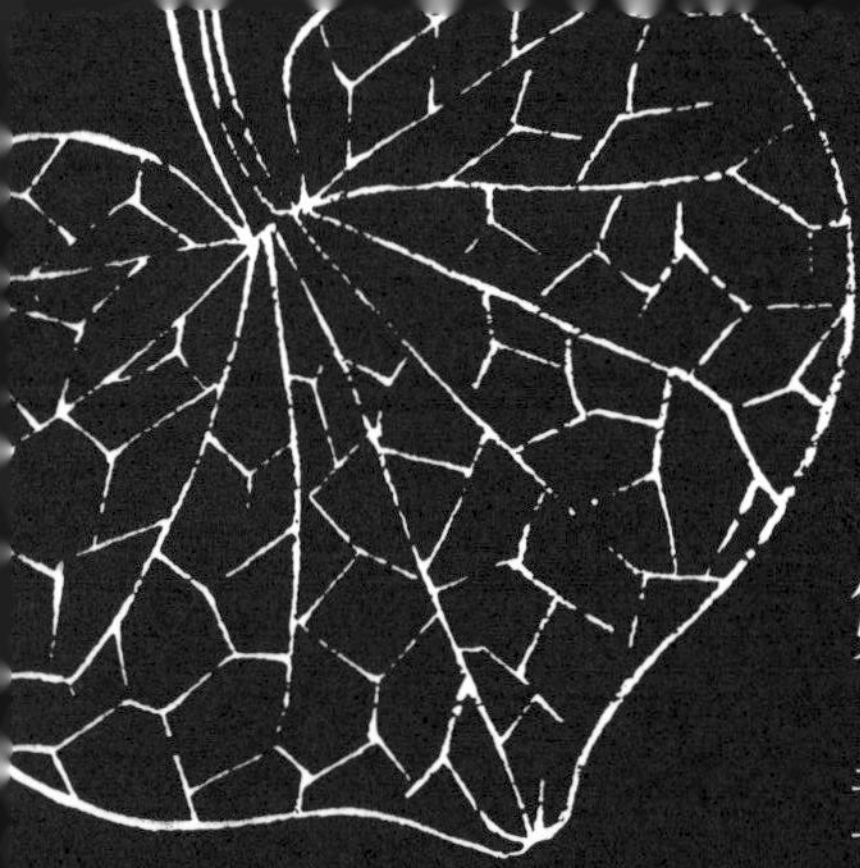

第2章

昔の人は、ワサビをどのように食べていたのだろうか?

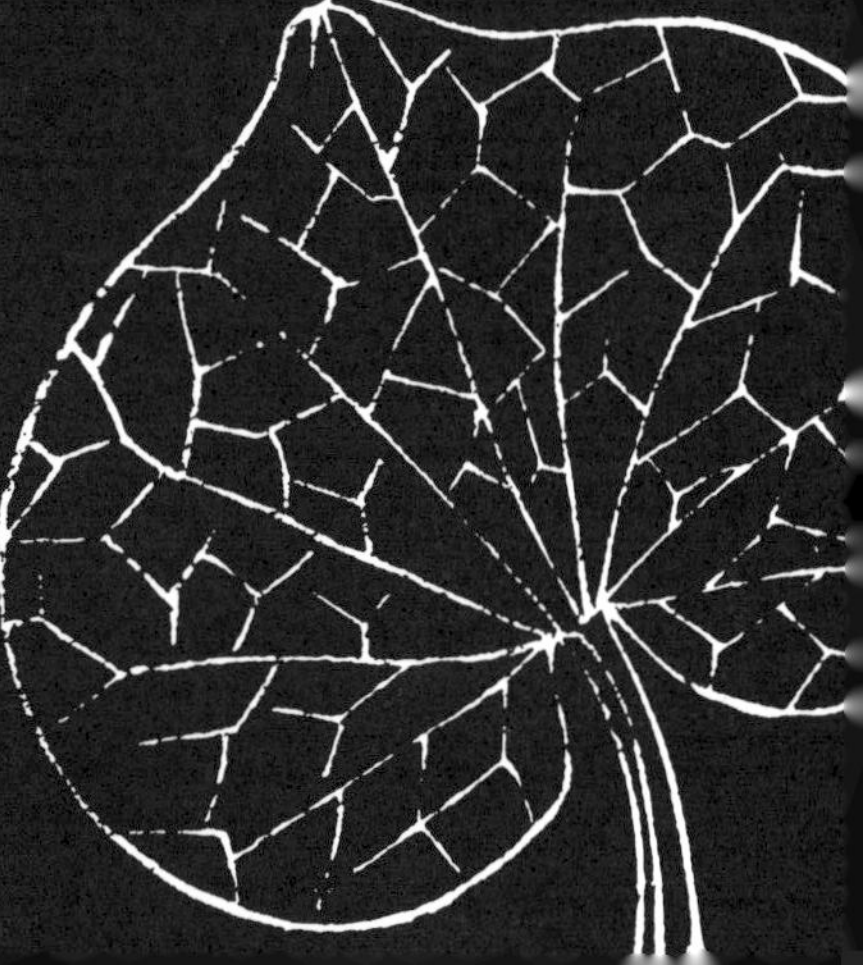

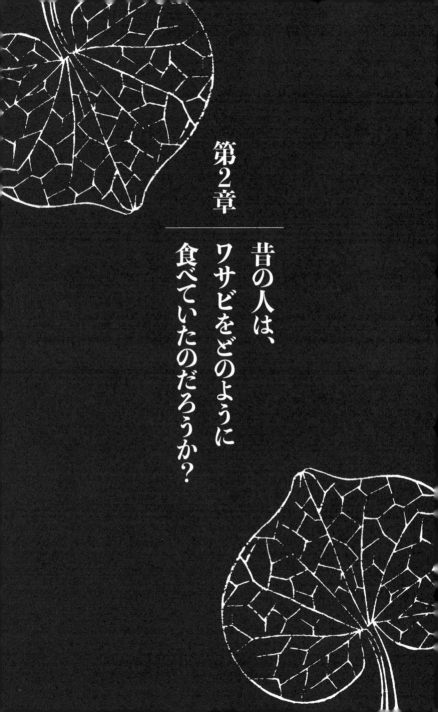

ワサビはふつう深山幽谷に生育し、とくに太平洋側の平地で人口が集中していた地域に住む人々にとっては、かなり珍しい植物であったと考えられる。ワサビは江戸で庶民に広がったとされているが、それ以前はどうだったのだろうか。

まずはじめに、ワサビがいつ頃から食材として認識されるようになり、どのように利用されるようになったのかを見ていこう。

室町時代以前

前述したとおり、ワサビは日本固有種であることがわかっている。つまり、日本列島に最初に現生人類が到達した時期よりも前から存在していた。当然、誰かが大陸から持ち込んだ植物とは考えにくい。縄文時代にはすでに自生していたはずで、利用の歴史も古いであろうと予測できる。ちなみに青葉高は、『野菜の博物誌』[4]で、「動物性食品への依存度が高かった縄文時代にはすでに、その独特の臭気を消すための香辛料が利用されていただろう。（中略）奈良時代にすでに香辛料についての記録がみられるのは、縄文時代の名残であろう」[4]と述べている。ワサビはどれくらい昔から記録に登場するのだろう。

飛鳥時代・奈良時代

ワサビの最も古い記録は、飛鳥時代の苑池遺構から出土した、驚くほど小さな木簡（長さ八センチ、幅一センチ）に書かれた「委佐俾（わさび）」の文字である。同じ場所から「丙寅年六（666年頃）」と書かれた木簡が見つかったことから、天武天皇前後の時代とみられている。ワサビのほかイチョウ（またはイチジク）などの植物名が書かれた木簡が少なくとも五種類確認でき、薬の処方などが書かれた木簡も出土したらしい。そのため、この時代のワサビは薬草という位置づけであったのではないかと推察される。注目すべきは、この最古の木簡の文字にあるように、1500年近くもの間、現在まで「わさび」という呼称が変わらず使われ続けている点である。ただし、用いられていた漢字については現在の「山葵」とは異なっていた。

「委佐俾」の文字のある木簡（奈良県立橿原考古学研究所 提供）

「委佐俾」という漢字に意味はあるのだろうか。そもそも日本語は文字をもたない言語であった。現在の植物は、漢字文化の普及後（6世紀以降）に渡来したケースと、それ以前に渡来していたか、あるいはもともと列島に存在し、大和言葉で呼ばれていた植物の大きく分けて二種類に分けられる。ワサビは明らかに後者であり、「わさび」という呼び名は、漢字文化が普及する前から存在していたと考えられる。

他にも「倭名類聚抄」に「和名　和佐比」とあるが、これも当て字と考えてよいだろう。現在最もよく用いられる「山葵」の漢字に関しては、平安時代にはすでに、「本草和名」に「葉似葵故名之、生深山出」、「葉の形が葵に似ているから」と説明されている。「山薑（はじかみ）」と表現されることもあったが、貝原益軒の「大倭本草」によると、薑の字はショウガを示し、根茎の形が類似していたことに由来するだろうと書かれている。ちなみに、コンニャク、ゴボウ、ニンジンなどの和名は、漢字文化が一般に広まった後に渡来もしくは普及したと考えられている。

次に古い記録は、同じく飛鳥時代の後期の日本で最初の本格的な基本法典である大宝律令（701年）の篇目の一つである賦役令に登場する。この頃、成年男子には租税の一つである「調」を貢納することが課されていた。調は基本的には繊維製品で納めるとされていたが、他の指定品で納めることもでき、このなかにワサビも含まれていたようである。この時代すでにワサビには「調」として朝廷に奉納するだけの価値があると認識されていたことを示す貴重な記録である。用途は不明であるものの、おそらく薬用植物として何らかの形で利用されていたのだろう。

次に古い記録である「播磨国風土記」は、播磨（現兵庫県南西部）から撰進された地誌で、正確な成立年代は不詳であるが、奈良時代初頭の713年（和銅三）年から3年以内と考えられている。宍禾郡波加村の名称由来について記載の後に「其山生柂枌檀黒葛山薑等住狼熊」＊の記述がある。奥山には数多《あまた》の動植物が存在する。そのなかであえて「ワサビ」が選んで記載されるということは、特別な存在であったと考えてよいのではないだろうか。なお、この時点ではまだ「山葵」の漢字は用いられておらず、「薑（はじかみ）」つまり「ショウガ」の仲間と考えられていた。いずれにせよ、かなり古くから「わさび」という植物名が認識されていたことがわかる。

＊この山にはヒノキ、スギ、マユミ、クロカズラ、ワサビがあり、オオカミもクマもいる

平安時代

ワサビの一般的な初見書として日本最初の薬草事典「本草和名《ほんぞうわみょう》」が知られている。「本草」とは「薬の元になる薬草」のことである。第十八巻　菜六十二種のなかに、「山葵　和佐比《ワサヒ》」とある（別名「竜珠」は、葉柄が落ちたあとのぶつぶつを竜に見立てたのだろう）。本書が「山葵」の漢字の初登場となる。驚いたことに、すでに産地（採取地？）まで記載されており、若狭国（現在の福井県西部）、越前国（福井県中北部）、丹後国（京都府北部）、但馬国（兵庫県北部）、因幡国（鳥取県東部）といった国々から税として納められていたとの記載がある。いずれも現在でも野生ワサビが自生する地域であり、この時代はまだ野生のワサビを採集していたと考えられる。

平安時代ではさらに「延喜式《えんぎしき》」にワサビの記載がみられ、やはり産地として越前国（福井県）、丹後国（京都府）、但馬国（兵庫県）、因幡国（鳥取県）、飛騨国（岐阜県）にも「山薑（ワサビ）一斗五升三度」の記載がある。「本草和名」とほぼ同じ産地名であることからも、現在のように大規模に栽培されていたというよりは、この時代はまだ野生（＝天

「**本草和名**」
917年編纂
醍醐天皇の侍医を務めた深根輔仁撰による日本現存最古の薬物事典（本草書）。

「**延喜式**」
927年完成奏上
儀式の方法が詳細かつ具体的に規定してあり、長く宮廷の規範となった。律令の施行細則を集大成した古代法典の一つ。

然）ものを収穫するにとどまっていたと考えてよいだろう。現代のワサビ産地といえば静岡や長野を思い浮かべる人が多いかもしれない。こうした地域が登場していない点については、後述するので記憶にとどめておいて欲しい。

平安中期の漢和辞典である「倭名類聚抄《わみょうるいじゅうしょう》」では、「飲食部」にワサビの説明「養生秘要に云う、山葵。和佐比は和名、漢語は山薑。補益食也。」、また、「賦役令主計寮式に見る」がある。これは、ワサビが食用として記録された最初の記録となる。さらに薑蒜《きょうさん》類に含まれたことから、香辛料として用いたことの初めての記録でもある。「補益食」とは「元気をつける食べもの」という意味であるため、「薬餌としての位置づけであったのだろう[5]」。ここでは未だトウガラシらしき植物は含まれていないものの、ショウガやサンショウなどが香辛料として独立した呼称を得て紹介されるのは、平安末期から鎌倉時代にかけてが始まりと考えられる。

調べてみると、この時代にもワサビの記載が確かに見つかる一方で、多くの植物が登場しながらも、ワサビの文字が見あたらない資料も存在することがわかった。たとえば「古事記《こじき》」には、アワ、イネ、クリ、

「**古事記**」
721年編纂・献上

ササ、サンショウ（はじかみ）、スギ、シイ、ススキ、ダイコン（おほね）、タケ、タチバナ、ツバキ、ニラ、ノビル、ハス、ヒョウタン、フジ、ヒノキ、マツ、ムギ、モモ、ユリなどの表記があるものの、ワサビはない。続いて「日本書紀《にほんしょき》」でも、ウリ、ウルシ、クズ、クワ、サクラ、ササゲ、スモモ、セリ、ナシ、ヒエ、の表記があるが、ワサビはない。さらに正倉院文書《しょうそういんもんじょ》や日本最古の歌集である「万葉集《まんようしゅう》」にもワサビは登場しない。ちなみに、「万葉集」に詠まれている植物は百七十種にものぼるものの、そのなかで現在の野菜につながる「菜」に該当する種は二十七種であり、多くが野生種であったと推察されているが、ワサビは見当たらない。④

従って、すでに奈良時代には大陸からもたらされた多様な植物が利用されていたと考えられるものの、ほかにも「日本後紀《にほんこうき》」、「古語拾遺《こごしゅうい》」、「文華秀麗集《ぶんかしゅうれいしゅう》」、「令義解《りょうぎのげ》」、「文徳実録《もんとくじつろく》」、「新撰字鑑《しんせんじきょう》」、「古今和歌集」にいたるまで、ワサビは一回も登場しない。

これらの資料に登場しない理由は、未だこの時代には、「身近な植物」と言えるような存在ではなかったからではないだろうか。前述したとおり、ワサビはどこでも見られる植物ではなく、奥山に自生する

「日本書紀」

720年完成

正倉院文書
720～770年頃の記録

「万葉集」

795年頃成立

「日本後記」

840年成立の歴史書。


「古語拾遺」

807年編纂の神道資料。


「文華秀麗集」

818年編纂の勅撰漢詩集。


「令義解」

833年編纂の法令解説。


「文徳実録」

850～858年の文徳天皇の事蹟を記録した歴史書。「文徳天皇実録」とも。


「新撰字鑑」

898～901年頃編纂の漢和辞典。

植物である。そのため、ワサビはとくに平地で生活する人々にとっては、「身近な植物」という位置づけではなかったことが推察されるのである。ある意味この推察を裏付けるように、「梁塵秘抄《りょうじんひしょう》」には、次の歌が詠まれている。

凄*き山伏の好む物は、味気無　凍てたる山つ芋、山葵　粿《かし》
米　水雫　沢には根芹とか

ワサビが歌には登場するものの、山伏のような特殊な人が描写されており、身近ではない世界が描かれている。当時、奥山の自生ワサビと接触があったのは、山麓の住民やこうした山伏のような人々に限られたと考えてよいのではないだろうか。

鎌倉時代

鎌倉時代になると、説話集「古今著聞集《ここんちょもんじゅう》」(「後堀河院御位の時」の条)のなかで、「その山にわさび多くおひたるよしを聞きて」との記述がみられ、野生のものを採集して利用していたと推察される。ちなみに

「**古今和歌集**」
914年頃編纂の勅撰和歌集。

「**梁塵秘抄**」
平安時代後期の治承年間(1180年頃)につくられた、後白河法皇編の歌謡集。

*山伏の好物は　凍らせた山の芋　わさび　洗い清めた米　釈迦水　沢には根芹もあるとか

「**古今著聞集**」
13世紀前半、橘成季が編纂した説話集。

ここでも山伏が登場する。さらに、日蓮《にちれん》聖人の遺文集に、聖人五十五歳のお祝いにワサビが贈られていた件への御礼を述べた南条時光《なんじょうときみつ》に宛てた手紙がある。このワサビは、富士川の支流の精進川《しょうじんがわ》（上野村、現材の富士宮市）あたりの天然のワサビを採取して贈ったものと考えられている。鎌倉時代にはすでに、ワサビが贈答品として用いられていたことがわかる資料であり、興味深い。ちなみに、この時代まで、ワサビの産出場所として最も東の記録は飛騨国（岐阜県）であったのが、この手紙によりさらに富士川まで拡大したことになる。

どのように利用していたのか

ここまで、数はそれほど多くないものの、ワサビの記載がいくつかの資料で確認できた。ところが、直接的な利用法（どうやって食べるのか、どういう料理に用いられるのか、など）について記載された文書的記録は見つかっていなかった。

料理での利用が記された初めての資料として「厨事類記《ちゅうじるいき》」に『寒汁の実』として山葵を用いる」との記述がある。現代では汁ものにワサビのイメージはないかもしれないが、ワサビを用いた料理として文

「**厨事類記**」
平安時代末期〜鎌倉時代末期につくられた、日本最古の料理書の一つ。

献上でよく見られる食べ方である。平安時代には、現代のように調理の段階で味付けをするのは、汁物類だけであった。通常は、「四種物」とよばれる塩、酢、酒、醤などの基本の調味料がそれぞれの容器に入れられ、箸と匙の手前に置かれ、多くは食べる時に自分の好みでこれらの調味料を用いられていたという。身分の低い者の前には、塩と酢しか置かれていなかったらしい。⑥ ワサビもまた汁物に加えられ、味の変化を楽しまれていたのだろう。

興味深いことに、「厨事類記」は、菓子を除けば極端に植物性食品が少ないのが特徴となっている。平安時代の貴族社会一般の食生活では、植物性食品の摂取は少なかったという。ここであえてワサビが記載されている点は特筆すべきだろう。余談であるが、この時代の貴族社会ではビタミン欠乏症が蔓延し、寿命も短かったことがわかっている。長く続いた貴族社会が弱体化し、健康的な食生活を送っていた庶民から出た健康な武士階級にとってかわられてしまったのも、食生活が問題であったのでは、という説もある。食文化研究はじつに奥が深い。

南北朝〜室町初期時代の「庭訓往来《ていきんおうらい》」では、斎《とき》の汁として「山葵寒

「庭訓往来」
14世紀後半につくられた、手紙のやりとりの形式で構成された書物。初級の教科書として長く利用された。

汁等」の記述が見られる。主に汁の実としてワサビが用いられていたことがうかがえる。この頃には料理での利用は定着していたのだろう。

しかしながら、ここから室町時代15世紀後半の「四条流庖丁書《しじょうりゅうほうちょうがき》」まで、約一世紀の間、料理の記録が見つからない時代を経る。「四条流庖丁書」では鯉料理に「わさび酢」が用いられており、現代的な利用方法に一気に近づく。

他に記録は残されていないのだろうかと探していたところで、京都吉田神社の神官であった鈴鹿家の記録である「鈴鹿家記《すずかかき》」のなかに、「指身　鯉イリ酒ワサビ」の記載があることを発見した（1339年の記録）。これは、「さしみ」という言葉の文献上の初見でもあり、同時にワサビが指身（＝刺身）で用いられた記録の初見となるようだ。非常に貴重な記録である。

鎌倉時代から南北朝時代にかけては、次々と新仏教が登場した時代でもある。こうした時代背景もあり、肉食を避けた精進料理が寺院を中心にめざましい発達をとげた。のち庶民にもこの調理法が伝わって、仏事の際に用いられ、さらに日常の食膳に加わったものもある。記録上の情報は乏しいものの、おそらく、「さしみ」という食文化は鎌倉

「四条流庖丁書」
15世紀末成立の料理書。平安時代から続く日本料理の流派の大意がまとめられている。

後期あるいは南北朝時代の早い時期にはすでに確立されており、ワサビが「さしみ」にそえられる形式も、この頃にはすでにあった可能性が高いと私は考えている。とはいえ、「さしみ」と一口に言っても、現代のさしみのような、赤身の魚に醤油とワサビ、という組み合わせが確立されるのは、もっとずっと時代が新しくなってからである。

最大のターニングポイント――室町時代

二世紀あまり続いた室町時代*（１３３６～１５７３年）は現在につながる多くの基礎的な生活様式（建築や食事の作法など）が確立した時代であった。現代に通じる三度食もまたこの時代に基礎が築かれたとされ、日本の食物史上で日常食品の種類が一気に増大した時期であることも知られている。料理法そのものは江戸時代に入って急速に変化するが、江戸期以降の食材については、この時代にほとんど出そろっていたと考えられている。また、室町時代は現代の日本料理のもとになる料理

＊ここでは南北朝時代を含めている。

大系を作りあげられた時代であったとされる。ところが残念なことに、中世の料理に関する資料は少なく、料理本がさかんに発行されるようになった江戸期以降に比べて食文化研究は遅れている。そのため、ワサビの利用が確認できなかったからといっても、実際に献立に用いられていなかったのかどうかを判断するのは難しい。とはいえ、中世はワサビにとっても利用の形態や位置づけが大きく変化した重要な時代である。そこで、情報を可能な限り収集し、この時代のワサビ利用の実態を明らかにすることを試みた。

御成の記録

主に室町時代の生活を調べたい時には、塙保己一《はなわほきいつ》が編纂した『群書類従《ぐんじょるいじゅう》』と『続群書類従』が参考になる。古代から江戸初期までの膨大な史書を集書刊行したもので、収録文件数は千二百七十七件、総冊数六百六十六冊（後編は千百八十五冊）からなる。私は、このうちの飲食部について、目視によりワサビの文字を探した。例えば国語辞典「撮壌集《さつじょうしゅう》」でワサビの記述を見つけるなどした（『群書類従（第三十輯下）』）。なかでも、とくに食文化を研究するうえで重要な「御成記《おなりき》」

「**撮壌集**」
15世紀半ば成立の国語辞典。「草木部 草類」にワサビの記載がある。

とよばれる将軍や皇室関係者などの外出の記録のなかの献立に着目することにした。

「御成」とは将軍や皇族などの貴人の外出のことで、家臣宅を訪問する際には豪華な饗応が行われた。源頼朝（1147〜1199年）の頃から行われ、とくに足利義持の時代が最も盛んで豪華であったことが知られている。そもそも、正式な本膳料理（武家の儀礼に基づいたもてなし料理）が出されるようになったのは、室町時代の将軍を招いた時の「御成」がはじめであったとされている。将軍を迎える御成には膨大な労力と費用が発生することは想像に難くない。そのため、江戸時代の慶安二年（1649年）家光による酒井忠清邸への御成を最後に行われなくなったとされている。調べた結果、「細川亭御成記」（1524年）や「三好亭御成記」（1561年）には、「ハジカミ（＝ショウガ）」や「サンショウ」といった香辛料利用は見られるものの、ワサビの記載は見つけることができなかった。

寺社の記録や家記、料理書

さらに、寺社の献立記録も古い記録が残されている場合があること

「**石山本願寺日記**」
1536〜1561年。「証如上人日記」とも。

に着目し、調査対象とした。京都西本願寺第十世証如の記録「石山本願寺日記」の献立は、「山椒」の文字はあるが、ワサビは見られなかった。「大乗院寺社雑事記《だいじょういんじしゃぞうじき》」の1459～1485年の条でも、ハジカミ、山椒、ショウガの記載があり、香辛料の使用はみられたものの、ワサビの記載はみられなかった。

前述した「鈴鹿家記」から半世紀ほど後の「山科家礼記《やましなけらいき》」のなかでようやくワサビの記述が確認できた（1457年頃）。「山科家礼記」は、山科家に仕えた雑掌らが残した詳細な記録であり、当主の日記も合わせると約200年にわたる一家族の歴史が辿れるため、非常に貴重な資料とされている。

山科家は京都の貴族で、供御人（天皇や将軍、貴人の食糧を献上していた人たち）を支配していた公卿である。[7] 1457年の記述に、「わさび 六束三百二十文で購入した」とあることから、この頃京都で利用されていたことがわかる。記録によると、取り扱っている量はごくわずかであるが、確かにこの頃売買が行われていたことがわかる。

室町時代を代表する料理書である「四条流庖丁書」には、「一サシ味之事 鯉はワサビズ・鯛は生姜ズ・鱸ナラバ蓼ズ・フカ（サメの仲間）

「**大乗院寺社雑事記**」
興福寺大乗院で室町時代に門跡を務めた、尋尊・政覚・経尋が記した日記。1450～1527年分が残っている。

ハミカラシ（実芥子）ノス・エイモミカラシノス・王餘魚（カレイやヒラメのこと）ハヌタズ」の記述が見られる。この頃よりワサビが酢と合わせて魚料理に用いられていたこと、さらに、素材によって調味料を変えて用いられていたことがわかる。「鯉がワサビ酢で、鯛がショウガ酢」とされているのも興味深い。

この後、江戸時代後期に醤油が普及するまでの長い間、ワサビは、生魚を食べる際には酢と合わされることが多かった。「鳥類にワサビ」ともある。現在では意外な組み合わせに感じるかもしれないが、江戸初期までは、ワサビは魚よりもむしろ、鳥や貝といっしょに用いられていたことがわかっている。[8] 前述したとおり、「刺身」という今では当たり前の食べ方も、室町時代の初期に初めて文献上に登場する。「鈴鹿家記」でも鯉であったように、当初は淡水魚が主な食材であったようである。さらに、「武家調味故實《ぶけちょうみこじつ》」でも、「鳥の薄切りに山葵をあえる」との記載がみられる。

以上の記録から、すでに室町時代にはワサビの料理での利用は定着していたことがうかがえる。しかしながら、利用頻度は江戸後期以降ほど高くなかったと推察される。献立の記録自体が乏しいこともある

「武家調味故實」
室町時代につくられた四条流料理の伝書。

が、御成や寺院の献立の記録にはショウガやサンショウの記載はあっても、ワサビはないことも多かった。御成ともなると、大量に食材を調達する必要があったと推察されるが、この時代はまだ、ワサビを一度に大量入手するのは難しかったのかもしれない。

室町時代には、まだワサビの栽培技術がほとんど確立されていなかったことが、文献上の出現頻度がそれほど多くないことの主な要因であると考えられる。

御伽草子

室町時代にはすでに、ワサビが確実に食材としての認知度を確立していたことがわかる記録もある。室町時代には、御伽草子《おとぎそうし》とよばれる短編小説が数多く制作された。この時代の食文化のあり方を知るうえで貴重な資料である。

御伽草子のなかには、人間でない生き物が擬人化されて物語の登場人物となる作品群がいくつか存在する。異類物とよばれるが、そのなかの「精進魚類物語《しょうじんぎょるいものがたり》」では、御飯（＝将軍）の「おかず（魚類対精進＝植物）争い」が描かれている。このなかにワサビが登場する。ここに登

「**精進魚類物語**」

文明年間（1469〜1487年）以前に成立したとされる。

場する野菜類は、平安時代の文献で見られる食材とほとんど違いがない。⑨これらは、この時代にはすでになじみ深い食材であったのだろう。以下に、「精進魚類物語」で擬人化され登場した作物を記す。現代でも我々がよく口にする食材ばかりである。

大豆・蕗・栗・琪樹・桃の花・ワカメ・昆布・海松目《みるめ》・蒟蒻・大根・苣・蓮根・胡瓜・豌豆・茗荷・薊《あざみ》・蕀《いらたか》・筍・冬《かも》瓜《うり》・椒・蕎麦・山芋・エビ芋・炒豆・實芥子・荒布・青苔《あおのり》・紅苔《こうのり》・鶏冠苔《とさかのり》・水苔《すのり》・山葵・茄子・瓜生・苔豆・栗・椎・桃・棗・熟柿・柘榴・柑子・大角豆《ささげ》・橘・李・梨・松茸・柚皮・薑・蕨・小豆・鞘豆・深澤芹・覆盆子《いちご》・零餘子《むかご》・椎・枇杷・興米・青蔓《あおな》・入麺・納豆・擂豆腐・蕎麦・味噌・唐醤・草餅⑩

一方、同様に野菜類が擬人化された御伽草子である「月林草」にはワサビは登場しない。「月林草」では主に畑でとれる食材が取り上げいるからであろう。

安定の時代へ——安土桃山時代以降

こうして、現在の日本料理の基礎がつくりあげられた室町時代は終わり、食文化がいっそうの飛躍をとげた安土桃山時代を迎える。安土桃山時代は、約30年という短い期間ではあるものの、まさに食の激動期であった。

ワサビにとっても一大転機ともいえる時を迎える。

この時代の文献的な資料は限られているが、天正八年（1580年）の「古今調味集《こきんちょうみしゅう》」では、酒や餅、飯などの多様な料理が紹介されている。[11] ワサビも、様々な食材と組み合わせられ、磯菜卵、梅仁卵、伊勢豆腐、紅半ぺんに用いられている。

注目すべきは、磯菜卵に「山葵醤油」の記載があることで、ワサビと醤油との組み合わせの最古の記録となる。この頃にはすでに、ワサ

「古今調味集」
1580年（安土桃山時代）発刊の料理書。

「和歌食物本草」
江戸時代初期の1631年につくられた、食物の効用などを和歌の形式で記した本草書。

ビと醤油の組み合わせが用いられていたのかもしれない。ただし、醤油の文献資料での初出は「和歌食物本草《わかしょくもつほんぞう》」という説[12]もあるため慎重に検証すべき点といえるだろう。実際のところ、ワサビが醤油と合わせて一般的に用いられるようになるのはもっと後の時代である。さらに、「今古調味集」には、「同鮒嫌鱠」として、「魚の焼骨を細かにして山葵を入和《いれあ》へ酢を加へべし」とある。

後の同時代の茶会の資料にも、「鯛をかいたものに山葵をつける」とあり、焼いた魚をほぐしたものにお酒に浸したワサビをつけて食べるのが、中世末期の特徴的な食べ方であったと推察される。[11]これらの記録から、安土桃山時代には、すでにワサビは確実に料理にそえられていたであろうことは推察される。この時代は、戦国三英傑を生み出した点でも重要な時代といえる。彼らはワサビを食べたのだろうか。

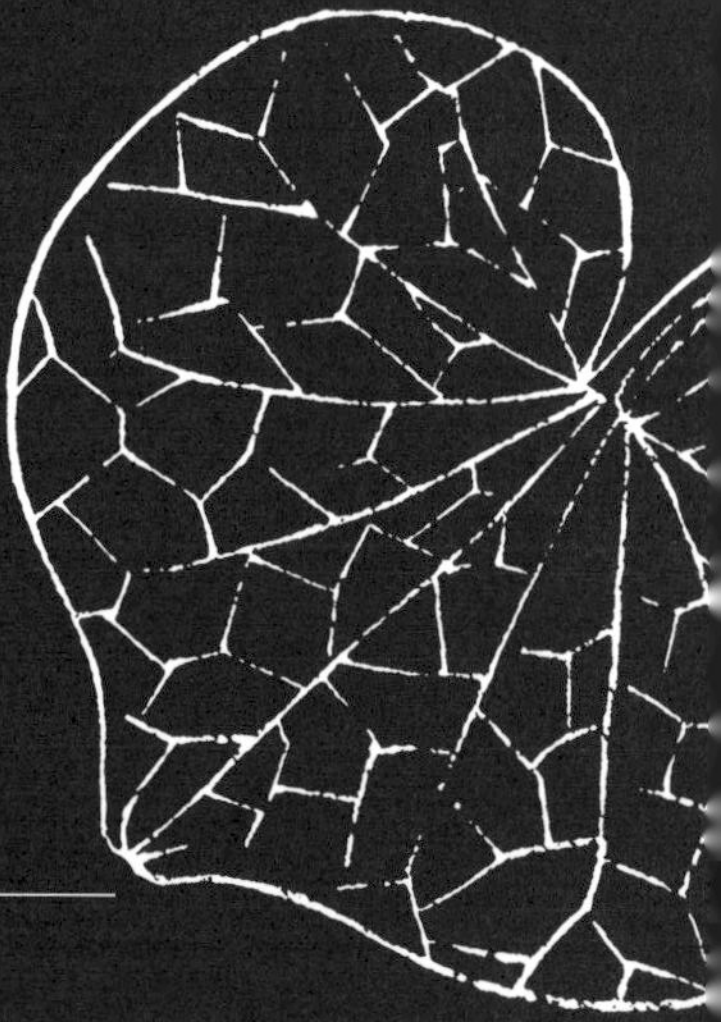

第3章

ワサビの謎

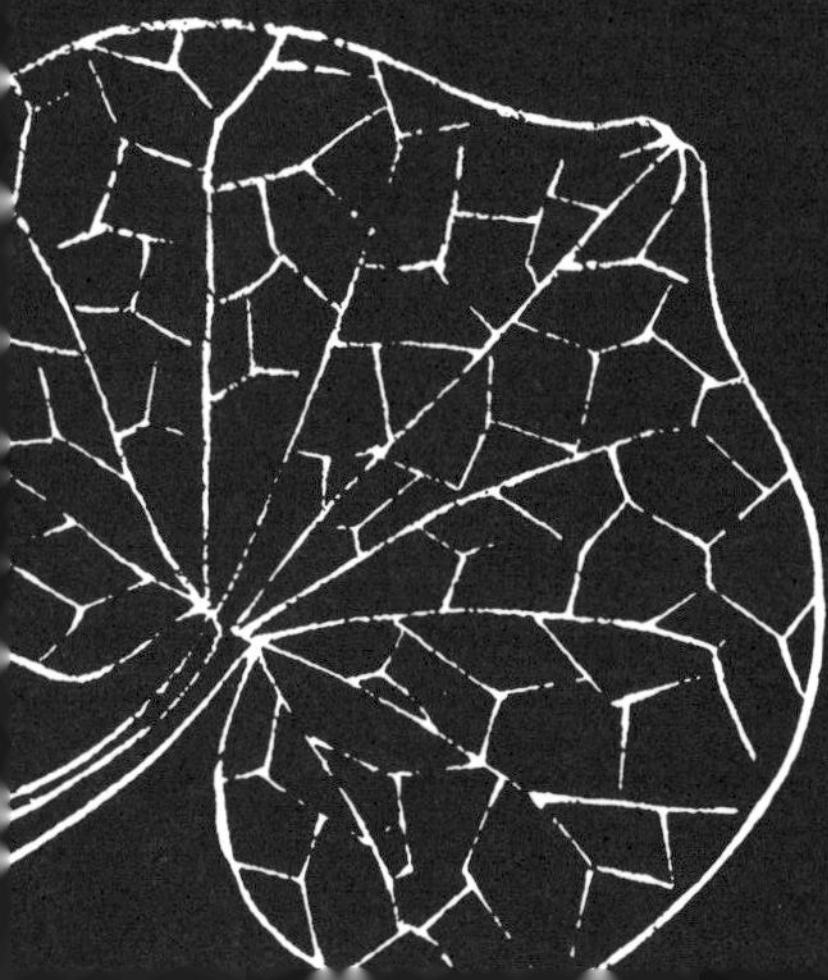

謎の壱

戦国三英傑はワサビを食べたのだろうか？

しっかりと
辛いワサビを食べていたのは、
家康だけ?!

御成の献立で検証する

織田信長、豊臣秀吉、徳川家康――日本人なら誰でも知る戦国武将が生きた時代は、ワサビにとっても大きな変革期でもあった。彼らはワサビを口にしていたのだろうか？　史料から検証してみよう。

織田信長

織田信長に関しては、江後迪子著『信長のおもてなし⑬』に、献立がいくつか紹介されている。

●徳川家康をもてなした献立（1581年）饗応役不明

「なますに塩山椒」の記載はあるものの、ワサビなし。鯉のさしみにもワサビなし。ただしここでも、「さしみ鯛にはしょうが酢」の記載あり。

岐阜駅前の金の信長像。2020年5月、緊急事態宣言解除の翌日に撮影。信長さまもマスクをお召し。

●安土城へ徳川家康を招いた時の饗応献立（1582年）

饗応役であった明智光秀が、豪華すぎるあまり「まるで将軍の御成のようだ」と激しく叱責されたという、いわくつきの献立である。「まなかつお　さしみ」には「しょうが酢」の記載があるが、結局、四回分の献立に、ワサビは一度も登場しなかった。

●毛利輝元が戦勝祝賀のために京都で秀吉を自邸に招いた時の献立（1590年）「輝元聚楽第江秀吉公御成記」

「すし鮒」などの記載はあるものの、ワサビの記載なし。

この他、京都妙覚寺での茶会（1573年）でもワサビの記載は見られなかった。

結論としては、『信長のおもてなし⑬』に掲載されていたすべての献立にワサビは見られなかった。つまり、信長が参加した食事会の記録には、残念ながらワサビの記述は見つけられなかった。

安土城へ徳川家康を招いた1582年の饗応献立で、将軍をもてなすわけでもないのに豪奢すぎる、と光秀が信長から激しい叱責を受けたことは、のちの本能寺の変につながる禍根を残したと言われる有名な出来事である。私はこの献立にワサビが登場したのかどうかに注目していたが、どうやら食材としては用いられていなかったようであり少し残念であった。

豊臣秀吉

天下統一を成し遂げた秀吉はどうだろうか。安土桃山時代の後陽成天皇行幸の際の献立「行幸御献立記」（1588年）によると、秀吉が催した聚楽第への後陽成天皇の行幸を仰いだ際の二日目（天正十六年四月五日）の献立にはワサビの記述は見当たらない。[14]

さらに、秀吉が前田利家邸へ赴いた際（1594年）の饗宴献立（文禄三年卯月八日加賀之中納言え御成之事）でも、ワサビの記述は見つからない。[14]その翌年（1595年）の「御成記」でもワサビの記述は見当たらない。[14]

結論としては、秀吉の時代になり天下統一が成し遂げられ、食材も一層多様になったものの、饗応献立において、ワサビの記載は見られなかった。

信長、秀吉の饗応献立にワサビが登場しなかった理由として考えられるのは、私が調べたのが御成のような大規模な饗応の膳であったからではないか、ということである。

御成の際には、大人数（千人分の準備が必要だと書かれた資料もある）に同様の食事を提供しなければならない。この時代は、ワサビはまだ本格的な栽培が始まっておらず、大量供給はできなかった可能性が高い。このことから、一度に大人数分を準備しなければならないような大規模な食事会では、ワサビは用いられていなかったのではないかと私は推測している。

「山科家礼記」において、購入された量がごく少量であった点からも矛盾はない。この点は、ワサビの栽培化と普及の時期について検証するうえで、重要な観点といえるだろう。

そこで、より小規模な食事会の記録ならば、ワサビが登場していたかもしれないという期待をこめて、茶会の記録を調べることとした。

茶会の記録で検証する

まずはなぜ「茶会」の記録なのかという点について説明しよう。

茶を飲む風習は大陸に起源し、日本では中国の宋から帰国した僧侶が伝えたとされている。臨済宗の栄西《えいさい》は茶の風習などを解説した「喫《きっ》茶養生記《さようじょうき》」を著し、茶を広めた。こうした「禅の思想」と「茶を宗教修行へ取り入れた形態」が室町時代に武家社会と結びつき、主に寺院を中心に茶を飲む習慣が広がったとされている。そして、室町幕府八代将軍足利義政（慈照寺、すなわち銀閣寺を建立した将軍といえばわかりやすいかもしれない）の頃、精神性をとりいれた現代の「茶道」の基礎ができた。ちなみに慈照寺は、当初は義政の別荘であった。

やがて茶会が開催された時の記録が「茶会記」として残されるようになり、これが当時の献立を知るうえでも重要な資料となっている。中世末期から近世初頭にかけて、村田珠光《むらたじゅこう》や千利休《せんのりきゅう》の台頭により、茶の湯が大成した。多くの茶会が催され、茶会次第や道具だけでなく、茶会で提供された献立も記録が残された。そのため、茶会記は、この

「**喫茶養生記**」
鎌倉時代の禅僧栄西が書いた医書。1211年、1214年成立。源頼朝に献上されたことで知られる。

時代の料理法や食材を調べる対象としても重要な資料となっている。
また、茶会記が記された初期の時代は、食事の形態が本膳様式から懐石様式へ変化する移行期にあたり、食事様式の変遷を理解するうえでも貴重なのだ。

ここでは、茶会記におけるワサビ関連の記述について調べてみることにした。時系列を次ページの図に示す。

最も古い茶会の記録は「松屋会記《まつやかいき》」である。

「松屋会記」が主に記された1500年代は、御成記などでは、献立上ワサビの記述はほとんど確認できなかった時代である。ワサビは登場するだろうか。

「松屋会記」では、1533年から1650年の100年以上にわたる三代の記録が残されている。このなかで、「久政他會記《ひさまさたかいき》」と「久好《ひさよし》他會記」まで、つまり1500年代の記録にはワサビは見当たらず、1604～1650年の「久重《ひさしげ》他會記」で初めて登場する。

1500年代の記録を探していたところ、貴重な記録として、「天王寺屋会記《てんのうじやかいき》」の「宗達茶湯日記《そうだつちゃのゆにっき》」や「宗及茶湯日記《そうぎゅうちゃのゆにっき》」に「わさび」の記述を見つけることができた。「天王寺屋会記」は、堺の豪商、天王

「**松屋会記**」
奈良の漆問屋「松屋」の久政、久好、久重三代にわたる茶会の記録。1533～1596年の「久政他會記」、1586～1626年の「久好他會記」、1604～1650年の「久重他會記」からなる。

「**天王寺屋会記**」
堺の豪商「天王寺屋」の、津田宗達、宗及、宗凡・江月宗玩の三代にわたる茶会の記録。宗達1548～1566年、宗及1565～1587年、宗凡1590年、宗玩1615～1616年の記録からなる。

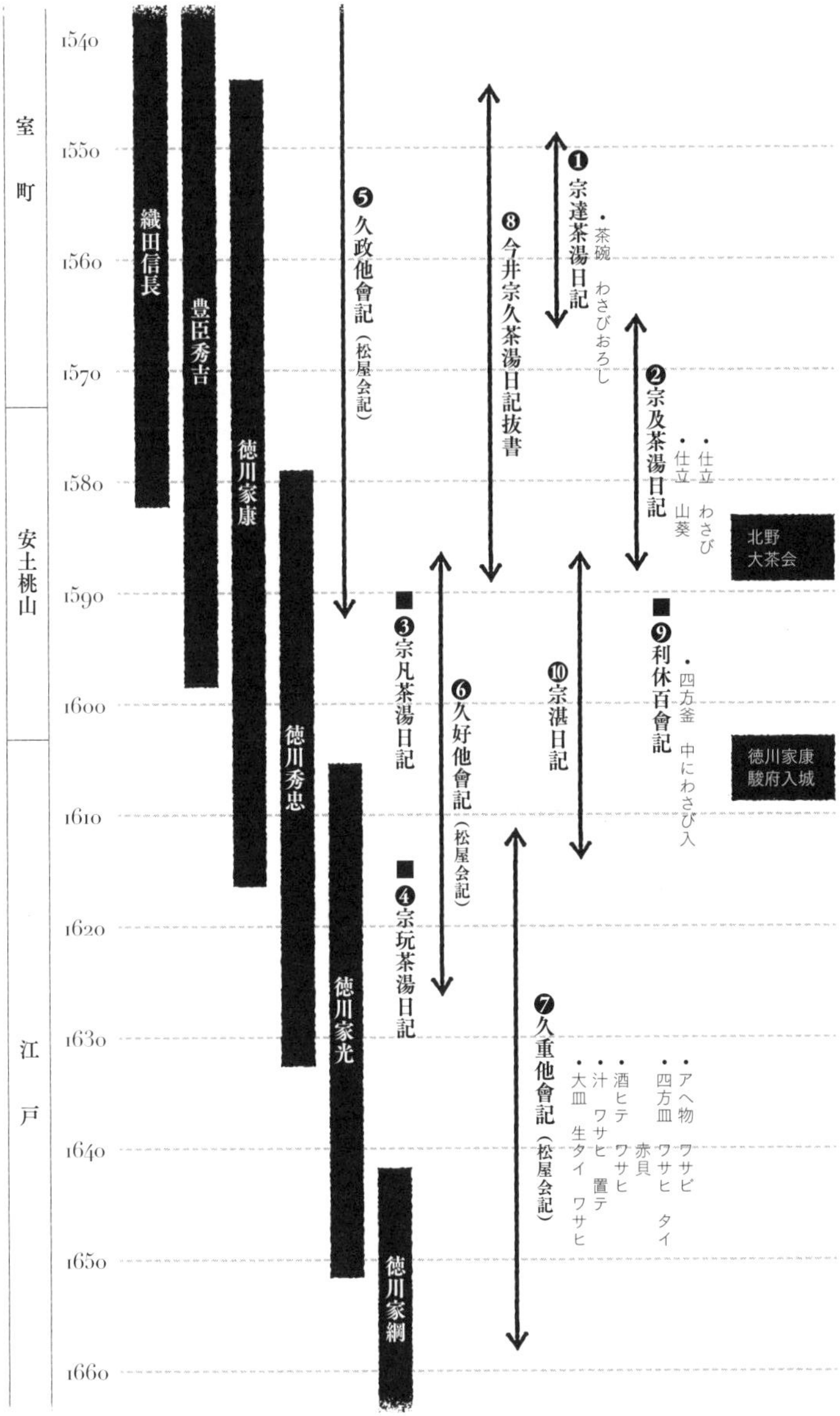
室町
安土桃山
江戸
1540
1550
1560
1570
1580
1590
1600
1610
1620
1630
1640
1650
1660
織田信長
豊臣秀吉
徳川家康
徳川秀忠
徳川家光
徳川家綱
❺久政他會記（松屋会記）
❽今井宗久茶湯日記抜書
❶宗達茶湯日記
・茶碗　わさびおろし
❷宗及茶湯日記
・仕立　わさび
・仕立　山葵
北野大茶会
❸宗凡茶湯日記
❹宗玩茶湯日記
❻久好他會記（松屋会記）
❿宗湛日記
❾利休百會記
・四方釜　中にわさび入
徳川家康駿府入城
❼久重他會記（松屋会記）
・アヘ物　ワサビ
・四方皿　ワサヒ　タイ
・赤貝　ワサヒ
・酒ヒテ　ワサヒ
・汁　ワサヒ　置テ
・大皿　生タイ　ワサヒ

寺屋津田宗達《つだそうだつ》、津田宗及《そうぎゅう》、津田宗凡《そうぼん》および江月宗玩《こうげつそうがん》の三代にわたる茶事の記録である。

このなかで、とくに津田宗及の「宗及茶湯日記」でワサビの記述がみられたことは、信長らがワサビを食べていたのかどうかに関して、きわめて重要であるととらえている。

津田宗及《つだそうぎゅう》は堺の商人で、千利休、今井宗久《いまいそうきゅう》とともに、茶の湯の天下三宗匠と言われた茶人である。宗久、利休とともに北野大茶湯会を行ったこともある。織田信長の茶頭として知られ、１５７４(天正2)年2月には信長の岐阜城に招かれ、手厚いもてなしとともに豪華な食事を振る舞われたという記録も残されている。１５７４(天正2)年の相国寺《しょうこくじ》茶会でも信長が宗及を厚遇したことが記され、信長の信頼のほどがうかがえる。

ちなみに宗及は、本能寺の変が起きた日は、信長の命により堺で徳川家康をもてなしていたとされている。信長没後は、秀吉により、茶湯者八人衆の一人として厚遇され、茶頭が千利休にかわるまで続いた。実は、明智光秀とも親交が深かったことも知られており、本能寺の変のわずか4年前（1578年）には、現在の滋賀県にあった坂本城にて光秀は宗及を招いて茶会を催している。

この時代のそうそうたる人物と親交があったという記録からも、この時代に茶の湯の世界がいかに重要な役割を果たしていたのかがわかるだろう。

さらに信長の没後すぐの「利休百會記」（1591年）にもワサビが登場する。

「利休百會記《りきゅうひゃっかいき》」（1591年）

極月廿七日朝　高山南坊　一人
茶屋の二畳敷　あられ釜　わげ水指　肩衝四方釜に
わげをしき　わさびすりて　きしの汁　鯛の焼物
大皿に　めし

秀吉の時代の「利休百會記」は、千利休が最晩年の19年間に行ったおよそ百回の茶会を記録したものである。ここにも上記のとおりワサ

「利休百會記」
利休最晩年の1590〜1591年に開いた茶会の記録。

ビが登場することから、千利休はワサビを食べていたのだろうし、秀吉も口にしていたと考えられる。興味深いことに、同時期の前田利家の秀吉に対する饗応の献立には登場しなかったワサビが、このように利休主催の茶会で登場していた。

しかも、この時期に「わさびすりて」と、すりおろしたワサビが用いられていることがわかった。これが「わさびおろし」の表記の、現時点で知られる初出となる。

ところが同年の、加賀藩主前田利家が秀吉に対して行った饗宴の献立には、ワサビは登場していない。この点に関してはあとで検証する。

茶の湯の献立においてワサビは、室町時代から安土桃山時代にかけては、確かに食材として用いられていたことがわかる。

残念ながら、信長や秀吉がワサビを口にしていたかどうかに関する直接的な記録は見つけられなかったものの、可能性を示すことはできた。

残る一人の家康に関しては、ワサビの運命を決定づけた重要な人物である可能性が浮かび上がってきた。

「謎の弐」で詳しく説明しよう。

謎の弐

徳川家康とワサビの運命的な出会いとは？

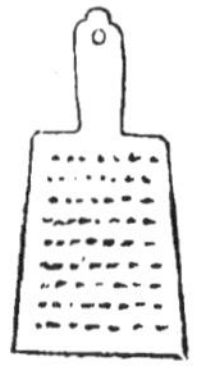

わさび発祥の地は、駿府城にほど近い場所だった!

伝説を追って

家康に関しては、逸話――徳川家康が山葵の葉が天下一品とほめたたえ、御紋に描かれた葵に似ていたこともあり、門外不出の御法度品とした――が伝えられている。「わさび栽培発祥の地」とされる有東木の石碑（平成四年建立）に刻まれた碑文にも次のように刻まれている。

慶長十二年七月（1607）駿府城に入城した大御所徳川家康公に山葵を献上したところその珍味の程に天下の逸品と嘉賞し、ついに有東木から門外不出の御法度品とした。
また徳川家の家紋が葵の紋であったことから、ことさら珍重したと言われている。

この話は、わさび業界では知らない人がないほど有名である。

有東木にある「ワサビ栽培発祥の地」の石碑

ところが、どのような史料に基いているのかについてはどこにも書かれていない。不思議に思い、この石碑に刻まれた出来事の根拠となった文書を明らかにすべく調査することにした。結論からいうと、根拠となるような史料は見つけられなかった。静岡県の歴史編さんにかかわった方々にもたずねてみたが、今に至るまで、根拠となるような記録は見つけることはできていない。

ただの伝説と割り切れない。家康による唯一のワサビに関する直接的な言及の証拠として価値のある情報だったからである。

慶長十二年（1607年）「七月」という記録は、家康が駿府城に入城したタイミングに合う。そこで、家康が駿府城に入城した際の記録に残されていないかと考えたが、見つけることはできなかった。

ところが、全く異なる背景で調べをすすめていた「あるできごと」の記録から、家康が駿府城で七月にワサビを食べていたのではないかと推察できる資料を発見した。

徳川時代を通じて、朝鮮国から外交使節団（以下、通信使とする）が十二回にわたり来日している。（朝鮮通信使については後述）。第一回目の使

家康とワサビの逸話に関する史料は現在も捜索中。関係する記録をご存じの方は、ぜひお知らせいただきたい。

駿府城公園の家康像

節団は、二代将軍徳川秀忠の将軍就任にあたり、慶長十二年六月二十九日に江戸城を訪れている。帰路に使節団が訪れたのが、駿府城だったのである。大御所となった家康への謁見が目的であったとされている。これらのことから、この年の七月は、家康入城と使節団の訪問という、重要な儀式が駿府城で行われたことがわかる。

この時の駿府城での饗応の献立は見つからなかったものの、非常に興味深い記録を発見した。黒澤脩氏の著書『家康公の史話と伝説とエピソードを訪ねて』[15]の「駿河区中平の見城家には、慶長九年（1604年）の古文書が残されており、朝鮮通信使の食材として山葵が提供された記述がある」という記述である。

『静岡市史』[16]には、見城家の文書として、「上申一礼之事」という文書に、朝鮮人来聘の際の助郷加役に関する記載がみられ、見城家が朝鮮通信使において食材調達に関係してことは間違いなさそうである。使節団のもてなしに関しては、その準備には膨大な労力が強いられ、何年も前から食材などの調達のための準備が行われたことがわかっている。また、約四百人という規模の人数の献立をまかなうための、大量の食材が調達されたという記録も残されている。例えば、「品々一

慶長九年の朝鮮通信使の資料について、著者である黒澤氏に電話にて確認した。その結果、本資料は加藤忠雄氏により詳細に調べられた資料に基づく情報であるとのことであった。残念ながら加藤氏は他界されたため、直接話をうかがうことはできなかったが、資料は黒澤氏が管理しておられるとのことであった。

黒澤氏は、素人の私に、多くの有用なご助言をくださった。この場をお借りして御礼申し上げる。

日分之事」として、次のような記載がある（一部抜粋）。

庭鳥　百、鮭　十本、ねぎ　百三十把、大根　二千五十本、

葉生姜　百三十把、芥子　五升、柿五百

その量に驚かされる。ワサビに関しては、三使、上々官といった、身分が高く、人数が限られた階級の人への献立に限られていた場合には、ダイコンのような二千五十本などという量は必要なかっただろう。しかしながら、上官、中官と身分が低くなるにつれて人数も増え、何百人という食事が準備されることになると、山に自生するワサビだけでは賄えなかったはずである。

1607年の献立が不明であるためあくまでも推測ではあるが、駿府では、この頃すでに有東木でワサビ栽培が行われており、（野生よりは）質のよいわさびが一定量供給できたと考えられる。そのため、第一回の使節団において、有東木のワサビが調達されたという記録は、この時期にはすでに、比較的大規模な宴に食材として調達できたこと、つまり、慶長年間にはすでに栽培が始まっていた可能性を示す資料と

もいえるのである。残念ながら、家康がワサビを御法度品にしたという記録は見つけられなかったものの、使節団でふるまわれたワサビを、家康も口にしていたと考えるのは自然である。信長と秀吉以上に、家康はワサビを食べていた可能性は高かったと考えている。

奇跡の出会い

家康の没後、将軍の献立に頻繁にワサビが登場するようになる。とくに1600年代の後半以降は、献立にワサビが登場する頻度が急激に高まっていく。実際に、家康が生前に将軍職を譲った二代将軍秀忠が寛永三（1626）年に二条城で行った饗応の献立にも、ワサビの記録が残されている。[17] また、天和二（1682）年の朝鮮通信使の献立では、驚くほどの高頻度でワサビが登場することがわかった（八十四ページ）。すなわち、16世紀後半から17世紀前半にかけては、わさびの食文化史上最も大きな転機を迎えた時代といってよい。年表で1641

本書の年表では、文献上でワサビの記録を見つけた場合、17世紀までは網羅的に記載しているが、18世紀以降はあまりにも数が多いため、全てを記載してはいない。

年の「久重他會記」の献立をみてほしい。ワサビの出現数が一気に増えたことがわかる。

また、小堀遠州の孫弟子にあたる茶人遠藤元閑著書「茶湯献立指南⑱」は17世紀における茶会の記録であるが、御焼物、御和交、カキ鯛、直わさび酢、煮物という多様な料理にワサビが用いられていた。「當流節用料理大全⑱」（1714年）でも、ワサビは多用されていたことがわかる。18世紀以降の献立において、将軍はもちろん、大名から豪商まで、江戸後期の献立の記録には必ずといってよいほどワサビが登場することになるのである。

私は、この転換期において鍵となった人物こそが、徳川家康であったと考えている。前述したとおり、家康が御法度品としていたかどうかは別にしても、このような先進的な栽培地が、すでに駿府城に近くで起こっていたこと。このことこそが、私には奇跡的なことに思えるのである。

次ページの地図を見て欲しい。

駿府城は安倍川の河口域にあり、上流をたどれば有東木にたどりつく。こうした位置関係から、有東木のワサビが駿府城の家康のもとに

「**茶湯献立指南**」
1696年。遠藤元閑による懐石料理の料理書。

「**當流節用料理大全**」
1714年。四条家高嶋氏撰。四条流の料理書。

届けられたこと自体は、それほど不思議なことではない。むしろ驚くべきは、ワサビが栽培されていた村の下流に偶然家康がやってきたことだろう。しかも家康は駿府城に入城してからわずか九年で没している。伝説のとおり、駿府城入城の際に家康が有東木のワサビに出会っていたとしたら、まさにぎりぎりのタイミングだったといえるだろう。

「ワサビの葉の形が葵の葉に似ていたため、家康は門外不出とした」という伝承が残されている。確かに、ワサビの葉は葵の葉に似ている。ただし、言い伝えのなかで混乱している点には注意されたい。家康が、葵の葉に似ていたため「山葵」と名付けた、とされる点である。実際には、この頃すでにワサビは「山葵」と表記されていた。家康が興味を示したとすれば、むしろ山葵のなかの「葵」という文字に対し

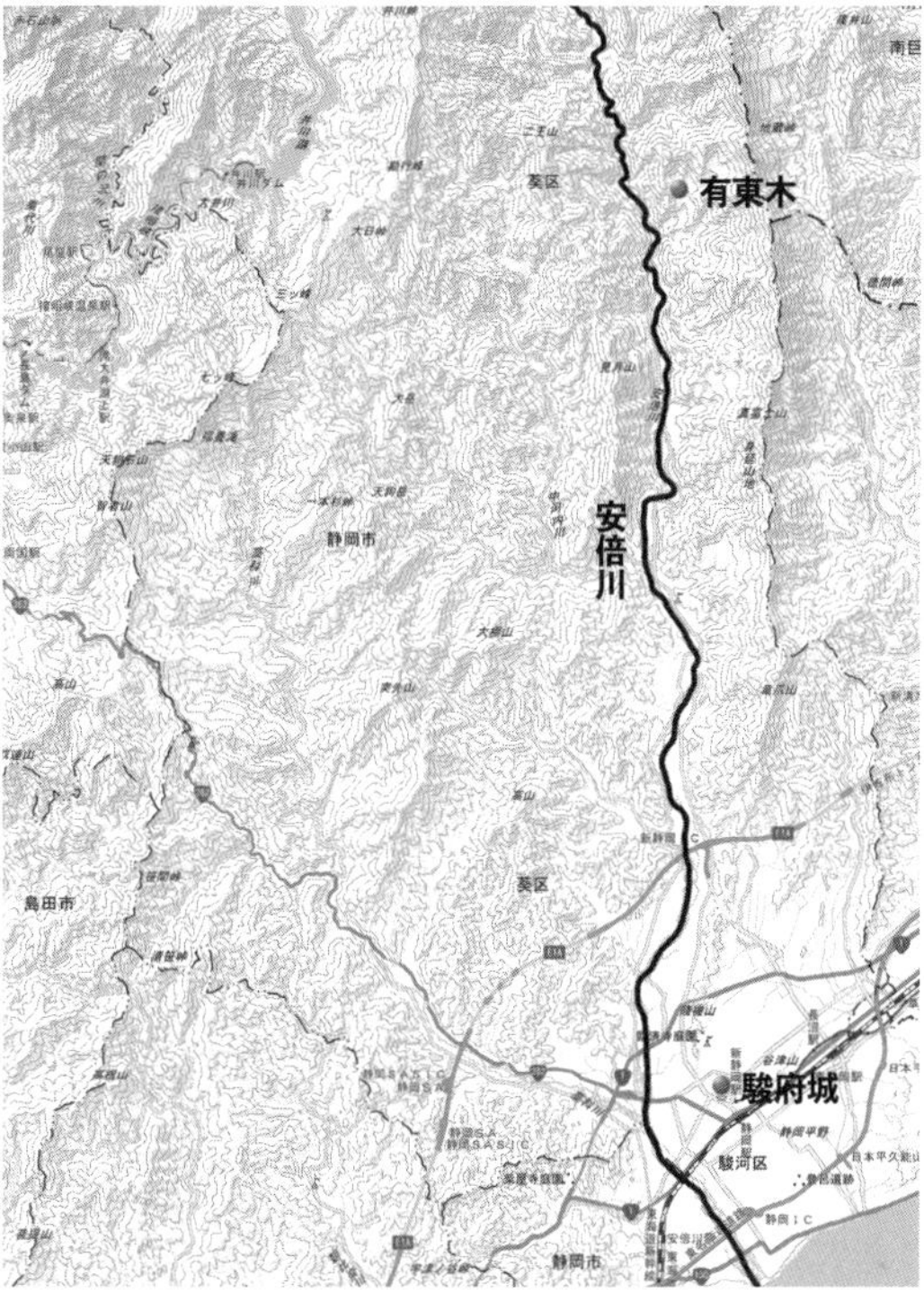

てなのではないだろうか。徳川家の紋は葵巴（徳川葵）である。葵の紋は、賀茂神社の「フタバアオイ」がモチーフとなった神紋に由来している。徳川家の三つ葉葵はその変形型である。

徳川家はことさらこの葵にこだわり、徳川御三家以外の葵紋は原則として使用禁止となったという。それほど「葵」を特別視していたこともあり、「山葵」の葵のその文字に特別な感情を抱いたとしても不思議ではないだろう。

家康の没後、急激にワサビが献立に出現する頻度が増えたことは間違いない。需要だけあったとしても、供給がともなわなければ普及は見込めない。有東木は駿府城から近いこともあり、江戸幕府としてもこの地のワサビ栽培のことは認識していたと考えられる。こうした背景もあり、家康の没後、泰平の世が実現するなかで豊かになる献立に、ワサビは徐々に存在感を増していったに違いない。このとき、栽培という行為が行われていたからこそ、要望に応じた供給が実現できたのだろう。「元和偃武《げんなえんぶ》」を成し遂げた家康は、現代に通じるワサビの食文化における地位向上のきっかけをつくった重要な人物であったと私は考えている。

野生のワサビ(右)とフタバアオイ(左)。よく似ている。

謎の参

江戸初期、ワサビはどのように使われた？

魚より、貝や鳥に合わせていた！

江戸の料理書に登場するワサビ

家康の死後、１６００年代にはワサビの利用が急激に増加することになる。ここでは、１６００年代初頭から１７００年代の終わりまでの間、つまりワサビの利用が一気に増える時期に、ワサビと食材の組み合わせがどのように変化していったのかを詳細にみてみよう。江戸時代に刊行されたいくつかの料理書の記録からワサビの利用の変遷をまとめた資料を紹介する。

日本で初めての画期的な料理書である「料理物語」では、料理操作別の章立てがなされており、ワサビやショウガなどの香辛料がどのように用いられていたのかが詳細にわかる。香辛食品の出現頻度は、サンショウ（17%）、ショウガ（17%）、ワサビ（9・1%）、ユズ（9・1%）、カラシ（7・3%）であった。[8] 注目すべき点として、現代では「刺身にはワサビ」が当たり前となっているが、刺身にはワサビよりもショウ

「料理物語」
１６４３年刊。江戸時代初期の代表的な料理書。材料や調理法をが具体的に書かれたものとしては最も古い。

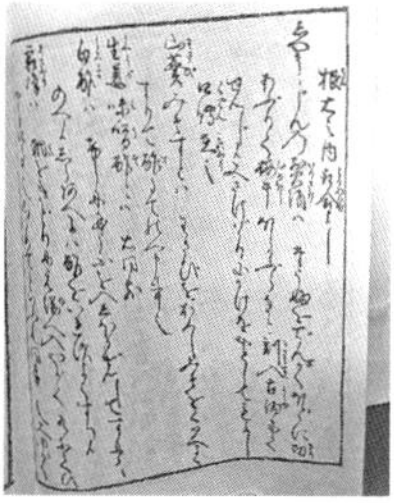

私が所有する「料理物語」復刻本にあらわれたワサビ

ガが多く用いられていた。つまり、この頃はまだ、「刺身にはショウガ」が一般的だったのである。さらに、ワサビが用いられていた刺身食材は白身魚（10％）、貝類（50％）、鳥類（40％）とあり、ショウガでは白身魚（72・7％）、鳥類（18・2％）、他（9・1％）であった。ワサビは魚よりもむしろ貝類や鳥類で多く用いられている。これが現代との違いが鮮明な点で、この頃のワサビ利用の特徴だったようである。また、ワサビも含めた香辛料は、酢と合わせた食べ方が全体の91％を占めており、当時刺身は、さまざまな香辛料と酢が組み合わされて調理されていたことがわかった。⑦これは、この年代には醤油は浸透しておらず、刺身の調味料としてはほとんど用いられていなかったことを示している。

60年間の変化

その後の「料理献立集《りょうりこんだてしゅう》」（1672年）と「料理分類伊呂波包丁《りょうりぶんるいいろはぼうちょう》」（1733年）で刺身に用いられた香辛料を比較すると、時代とともに変化した様子が見て取れる。「料理物語」ではショウガが全体の40％であったのに対して、「料理献立集」ではほぼ半分の21％に減少していた。

「料理物語」には、トウガラシの記述がない。「料理物語」が執筆された頃にはすでに日本に存在していたと考えられているため、興味深い。

「料理献立集」
1672年刊。江戸前期の料理書。料理を汁・煮物・さし身等に分け、正月から十二月まで、月ごとに材料名を書いたもの。部分的に簡単な料理法も記されている。

「料理分類伊呂波包丁」
1733年刊。江戸前期の料理書。

逆にカラシが7・3%から43%に急増していた。さらに、「料理分類伊呂波包丁」になると、ショウガ、カラシ類が10%台まで減少し、「料理物語」と「料理献立集」で10%台であったワサビが50%を超えるまで増加していた。[8] 以上のことから、1672年の「料理献立集」と1733年の「料理分類伊呂波包丁」の約60年の間に、ワサビ利用の大きな転換期があったと考えてよいだろう。

この短い期間には、「本朝食鑑《ほんちょうしょっかん》」と「和漢三才図《わかんさんさいず》絵《え》」が刊行されている。「本朝食鑑」では、「家々に植えられ、魚鳥、蕎麦の毒を消す」とされ、詳しい栽培方法まで記載されている。また「和漢三才図会」では、「研《おろ》して熬酒《いりさけ》と和ぜ、截鱠《きりみなます》と食べると最も佳い。蕎麦麪《めん》を食す際は欠かせない。魚毒、麪毒（＝蕎麦毒）を解す効果あり」とある。「和漢三才図会」ではわさびおろしの絵まで紹介されており、この頃にはすでに「すりおろしわさび」の利用が広ま

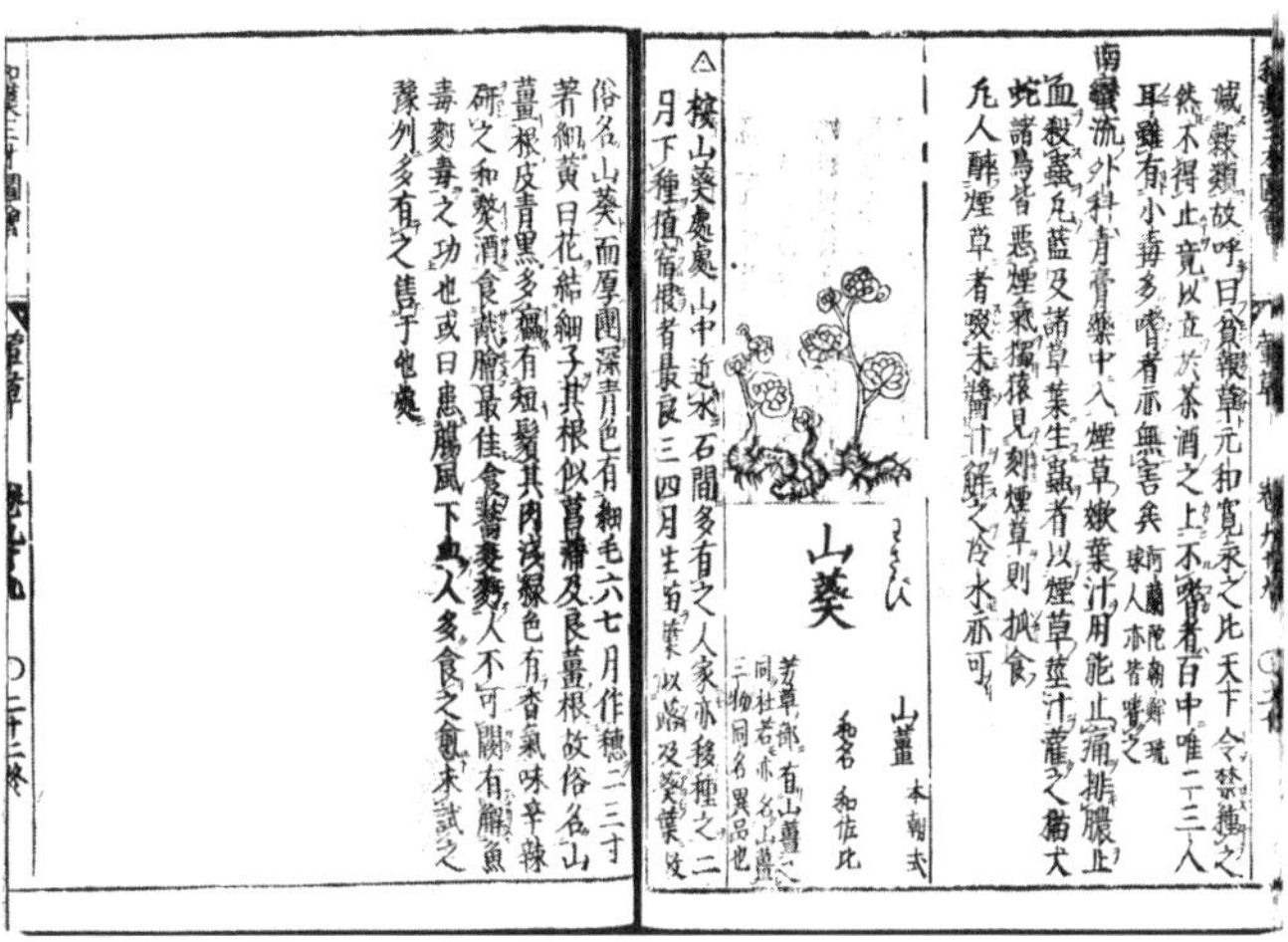

「和漢三才図会」（国立国会図書館デジタルコレクション）

っていたことがわかる。「本朝食鑑」は庶民の日常の食膳で用いられる食物に重点が置かれていたことからも、17世紀後半から18世紀前半にかけては、すでに、ワサビは特権階級の食膳に限らず、広く庶民に浸透しつつあったと考えてよいだろう。他にもこの時期に刊行された「養生訓《ようじょうくん》」、「菜譜《さいふ》」、「食物知新《しょくもつちしん》」において、いずれもワサビの記載があり、とくに「菜譜」には、「辛き物の内味尤よし」とある。16世紀まではここまで頻繁に見られなかったワサビの記述が、当たり前のように登場することになった17世紀後半から、ワサビが定番食材となったことがうかがえる。

大名のもてなし料理

この短い時間でのワサビ利用の変化に関してさらにわかりやすい例をあげよう。「第壱の謎」で述べたように、秀吉が前田利家邸へ赴いた際（１５９４年）の饗宴献立（文禄三年卯月八日加賀之中納言ぇ御成之事）では、ワサビの記述は見つからなかった[13]。ところが時代を経て、同じく加賀藩の当主前田綱紀が徳川綱吉をもてなした際の献立（１７０２年）にはワサビが登場する。明治時代に旧加賀藩前田家がまとめた第五代

「本朝食鑑」 １６９３年刊。人見必大著の本草書。

「和漢三才図会」 １７１６年刊。寺島良安著の百科事典。

「養生訓」 １７１２年刊。貝原益軒著の健康指南書。

「菜譜」 １７１４年刊。貝原益軒著。「大和本草」の野菜の項目をまとめたもの。

「食物知新」 １７２７年刊。神田玄泉著。

藩主前田綱紀《つなのり》の伝記「加賀松雲公《かがしょううんこう》」に収録された、1702年に五代将軍綱吉が加賀藩の本郷邸を訪問した際に出された三汁八菜の献立は次の通りである。

本膳
汁　つミ入・丸うど・焼とうふ・松たけ
膾　たい・きす・くり・しそ・きんかん・葉せうが
香物　塩山桝（しおさんしょう）
煮物　細かまほこ・つからめ・生しいたけ
　　いり物すゞき・すりみ共・抜さけ

二
汁　塩煮鯛・山桝のめ
杉焼　なまりめちか・わさびみそ・くしこ・川ちさ
鮨　ます・あゆ・たて
浜焼　かけ汁・すりせうが

三
汁　もそく・のり
指躬　かきたい・くらけ・わさび・くり・せうが・
　　いり酒・南天の葉
向詰　小鯛

「加賀松雲公」
1909年刊。近藤磐雄著。

肴　丸はべん・山しょうたまり
吸物　ひれ・品川のり

樋口によれば、「戦国の乱世が終熄して国内平和が回復し、安定の世になるにつれて食事を楽しむ余裕が出てきた」[14]という。例をあげた加賀藩の献立の変遷は、秀吉から綱吉時代へわずか100年あまりのことである。家康によりもたらされた安定の世は、豊かな食材と多様な料理法で彩られた献立を生み出した。ワサビはこうした時代を背景に一気に香辛料としての地位を確立していったようである。

需要の高まりを支えた産地は？

ではいったい、17世紀以降に登場頻度が高まったワサビはどこの産地が支えていたのだろうか。前述したとおり、駿府に近い有東木ワサビは、かなり早い段階から大規模に栽培が行われるようになっていたようだ。[19]

注意しなければならないのは、いくら大規模な栽培化が始まっていたとはいえ、この小さな村が、全国のワサビ需要をまかなっていたと

＊「大河内村誌[19]」によると、1913年の調査では有東木のワサビ産出量は村内の他の地区と比べても多く、大河内村産の約半分を占めていた。

は考えにくい点だろう。『天城の史話と伝説[20]』によると、安倍川奥の山村にはワサビ苗持ち出し禁止の掟があったという。そのため、生産する側として、品質がよい有東木のワサビを日本各地で生産したくても、許されなかった、という状況がしばらく続いたはずである。

　ところが、17世紀は後半にかけて一気にワサビの使用頻度が増えるようになる。このことから私は、ワサビの評判は各地に伝わったものの、有東木のような水耕栽培と質のよいワサビが全国に広がっていなかった頃は、比較的規模が小さい産地が、日本各地に存在していたのではないかと考えている。例えば、江戸時代初期の俳諧・連歌書である「毛吹草《けふきぐさ》」巻第四の「諸国の名物」には、国別に名物があげられており、近江（現在の滋賀県）、安芸（広島県）に「山葵」の記述がある。安芸のワサビに「新城山葵」と名前が付けられている点は注目すべきである。

　さらに、日本最古の農業書と称されることもある「清良記《せいりょうき》（親民観《しんみんかん》月集《げつしゅう》）」には、ワサビが、マタタビ、カラスウリ、アケビとともに、「八月末、九月に実を取、春初に植える。されどもかづら年を経ざれば実不作故木かげに植えて置　いづれも稀なるものなり」とある。ワ

「毛吹草」
1645年に刊行。松江重頼編纂。江戸時代前期の俳諧書。作例や俳諧で使われるモチーフを集めている。

「清良記（親民観月集）」
1628（寛永六）年に土居水也により執筆された室町時代の軍記物。四国の西南部伊予国宇和郡の武将土居清良の一代記を中心とした全三十巻のうち、第七巻が農業に関する重要な記載であるため、農業史書として有名になった。

サビで種子を採り蒔く作業は一般的な農作物と違って技術を要する。「稀なるものなり」とされていることからも、一般的な技術ではなかったのだろう。17世紀前半の農業書にすでにワサビの名前がみられる点は、西日本の茶会でもこの時期にはすでに献立に用いられていることと矛盾がない。

19世紀の江戸のワサビブームを支えたのは、伊豆を中心とした現在の静岡県のワサビであったと考えられるものの、そこに至るまでの間は、西日本を中心とした各地の産地がワサビの需要を支えていたと考えるのが自然だろう。同じ頃（17世紀）の御成記にはほとんど献立上でワサビは見られないことからも、この時期にはまだ、19世紀以降ほどの大量生産には至っていなかったという仮説と矛盾しない。

前述した「毛吹草」では、野菜や名産品が季節ごとに記されているが、特筆すべきはワサビが「二月」に記載されている点だ。ここでの二月は、現在の二月下旬から四月上旬にあたる。日本海側の豪雪地帯であれば、通常谷には近寄ることが困難な時期である。そのため、この時期の産物であるとの記載があるということは、野生ワサビが自生するような標高の高い山奥というよりは、比較的山里に近い場所が産

ワサビの谷の雪景色

地であったと推察される。つまり、この頃にはすでに、ワサビは自生地から移植され、半栽培のような形で育成されていたと考えてよいだろう。室町時代後期にはすでに一般の人々にも食に関して「旬」や季節ごとの料理が意識されていたのではないかとの説もあるが、いずれにしても、ワサビの旬の時期や産地の情報がすでにこの時期に意識されていたとすれば、興味深い。

朝鮮通信使に供されたワサビ

17世紀の後半にかけて、日本各地でワサビの利用が広がっていたことがよくわかる資料がある。それは、前述した「朝鮮通信使」をもてなした際の献立である。当初は豊臣秀吉による朝鮮侵略で損なわれた関係を修復することを目的とされ、その処遇は非常に手厚く、その後も各地で盛大なもてなしがなされたという。この時の饗応の献立は、「宗家《そうけ》記録」に記録され、食文化研究にとっても貴重な資料となって

朝鮮通信使は室町時代に始まるが、本書では江戸時代に1607〜1811年の間に十二回来日した親善使節団に関して述べる。

いる。雑誌「月刊専門料理」連載された「東海道三十三次饗応の旅㉑」という二十四回にわたる記事には、「宗家記録」の一部がまとめられている。*この記事で、献立上に登場するワサビについて調べることができた。

なかでも、1682（天和二）年の徳川綱吉第五代将軍就任時の第七回目の朝鮮通信使饗応の献立は、食材や料理法までわかるように詳しく掲載され、たいへん貴重な資料である。特筆すべきは、饗応場所や身分による献立の違いが詳細に記録されている点だろう。これらをまとめた表（八十四ページ）を示した。掲載された全献立中の約26%、実に四回に一回はワサビが登場している。驚くほどワサビの登場回数が多いことがわかる。さらに予想外だったのは、ワサビが献立に登場する地域の多さだった。三十地点中一度もワサビが登場しなかったのは、枚方、大津、守山、鳴海、岡崎、浜松、吉原、小田原の八地点しかなかった。八地点以外は、どこからワサビを調達したのだろうか。「山科家礼記」の例でも紹介したように、1400年代にはすでに、少量のワサビは京都でも売り買いされていたことがわかっており、この時も、美濃などから食材を調達した記録もある。周辺地域からの食材調

宗家記録
1634（寛永十一）～1898（明治三十一）年の文書群。国指定重要文化財。慶應義塾大学三田メディアセンター蔵。

*本資料に関しては、渡辺康弘様にお世話になった。この場を借りてお礼申し上げる。

達は、それほど珍しいことではなかったのだろう。ただし、このときの朝鮮通信使は、四百人を超える人数である。これだけの人数のワサビを調達することは、可能だったのだろうか。

この記事では各地を訪問した各階級の実際の人数についてはわからなかったが、『新版　朝鮮通信使往来―江戸時代260年の平和と友好』[22]で各階級の構成から人数がわかった。三使（三人）、上官（三人）、上官（三十四人）、中宮（二百三十一人）、下官（二百八十九人）である。

大量のワサビを調達できた地域は

三使・上々官は少人数だ。上官でも、この程度の人数であれば、大規模な産地ではなくてもワサビの調達は可能であったと考えられる。長老衆でもワサビの献立がみられたのも、人数が少なかったからだろう。精進料理でもわさびは豆腐などとあわせ、よく用いられていたようである。その一方で、中官に至っては、グループ分けがあったとはいえ、百人を超える人数の献立を準備しなければならなかったことを想定すると、それなりの規模の産地から調達されたと考えるべきだろう。すると、以下の地点では、ある程度の量のワサビが調達できたと

1682(天和二)年 朝鮮親善信使の饗応でワサビが使用された料理(㉑による)

信使が宿泊や休憩するところでは盛大な饗応が行われ、豪華な料理が供された。料理は役職ごとに異なっており、ワサビは主に高官、長老衆用の料理に使われていた。表中の「?」は献立不明の箇所を示す。

滞在地	大坂	枚方	淀
三使・上々官	さしみ 鯉、いり酒、わさび	なし	酒浸 塩引、たい、塩かも、よりかつほ、わさひ、ゆ 指味 鯉、九年母、いり酒、わさひ
上官	なし	なし	指味 鯉、いり酒、きんかん、わさひ 指味 たい、いり酒、わさひ、ゆ (精進物) 指味 あけふ、みる、しいたけ、わさひ、いり酒 かうの物 とさふ、わさひ
中官	なし	なし	なし
下官	なし	なし	なし
長老衆	なし	?	焼とうふ くす、わさひ
長老伴僧	?	なし	?
長老侍	?	なし	?
長老下人	なし	なし	なし
通詞	なし	なし	なし
通詞下人	なし	なし	なし

京都（精進料理）	大津	守山	八幡山	彦根	大垣	墨俣
なし	なし	なし	指身 鯉、わさひ、ゆ、金地かいしき	なし	湯吹鮎、くすねり、わさひ 指身 こい、いり酒、わさひ	さしみ 鯉子付、うすやき、水せんしのり、わさひ、いり酒
	なし	なし		なし	指味 わさひ、鯉、いり酒	さしみ 鯉子付、水せんしのり、わさひ、唐くらげ、ちよくいり酒
	なし	なし	省略	なし	なし	さしみ 鯉、かんてん、いり酒、わさひ
	なし	なし	省略	なし	なし	なし
	なし	なし	?	湯たうふ くすたまり、わさひ	なし	さしみ いり酒、冬瓜、あけふ、品川のり、うみそうめん、なすひ、わさひ
	?	なし	なし	なし	?	さしみ いり酒、冬瓜、あけふ、品川のり、うみそうめん、なすひ、わさひ
	?	?	省略	?	?	省略
	なし	なし	省略	?	?	?
	なし	なし	省略	省略	?	省略
	なし	なし	省略	省略	?	省略

名護屋	鳴海	岡崎	赤坂	吉田	浜松	見附	掛川
なし	なし	なし	さしみ こい、いり酒、わさび	指味 鯉、海月、わさひ 指味 鯉、いり酒、わさひ	なし	なし	煎鳥 鴨、松茸、わさひ
なし	なし	なし	ぬつぺい 鶏、くす、わさひ	なし	なし	指味 鯉、いり酒、わさひ	煎鳥 鴨、松茸、わさひ 煎鳥 鴨、せうか、わさひ
焼物、紀鶏 わさひ	なし	なし	なし	なし	なし	なし	なし
なし	なし	なし	なし	なし	なし	なし	なし
なし	なし	なし	?	なし	なし	なし	なし
なし	なし	?	なし	なし	なし	?	以下省略
?	?	?	?	なし	?	?	以下省略
?	?	?	なし	なし	なし	なし	以下省略
なし	なし	なし	なし	なし	なし	なし	以下省略
なし	なし	なし	?	なし	なし	なし	以下省略

金谷	藤枝	駿府	江尻	吉原
じぶじぶ 鴨、わさひ、 せうろ 鉢三方 酢蛸、わさひ	指味 こい子付、 いり酒ちょく、 わさひ 煮物 くしこ、くす、 わさひ	なし	指味 海月、さき海老、 わさび、九年母、 煎酒ちよく	なし
指味 山吹鯛、 わさひ 煎鳥 尾長鴨、松茸、 わさひ	なし	指味 鯉、煎酒、 わさび	なし	なし
なし	煎鳥 庭鳥、ふ、 くすわさひ	なし	なし	なし
なし	なし	なし	なし	なし
煎松茸 わさひ	なし	ひたし物 海素麺、 煎酒、 わさび	なし	なし（2人）
なし	なし	長老衆に 同じ？	省略	なし
なし	なし	長老衆に 同じ？	省略	？
なし	省略	長老衆に 同じ？	省略	なし
指味 ほら、 わさひ、 小ちょく	省略	省略	省略	？
なし	省略	省略	省略	なし

	三島	箱根	小田原	大磯	藤沢
	煎鳥 鴫、わさび 指味 鮃、かつほ、 みる、わさび （精進物） 指味 とうくわせん、 椎茸、さき松茸、 かんてん、 わさび	なし （精進物） のっぺい 麦の粉、わさび 煮物 山のいも、椎茸、 漬わさび、 さんせう	なし	鯉指味 うみそうめん、 かんてん、 九年母、わさひ、 煎酒ちよく	指味 鯉、いり酒ちよ く、わさび
	なし	なし	なし	なし	?
	煮物 わさび、煮 貝、牛房、 玉子、ね りくず	鱠 魚、くり、 せうが、わ さび、みつ かん	なし	なし	?
	なし	なし	なし	なし	?
	なし	なし	省略	なし（1人）	?
	省略			?	?
	省略	なし	省略	?	?
		?		?	?
	省略	なし	省略	?	?
		なし		?	?

神奈川	指味 鯉、煎酒、わさび 煎酒物 鯛、くるみ、よりかつを、きんかん、わさび	指味 こい、煎酒、わさび	なし	なし		なし	なし			なし	?
品川	指味 鯉、煎酒、わさび	指味 鯉、いり酒、わさび	なし				なし	?	なし	なし	?

推定できるのである。

墨俣、名護屋、藤枝、三島、箱根

このうち、藤枝、三島、箱根は、有東木をはじめとした安倍川を中心とした産地が供給していたと想定できる。墨俣、名護屋に関しては、駿河からの調達がなかったとしたら、近隣に産地があったと考えるべきだろう。滋賀県または岐阜県の飛騨地方に古くからの産地があったことから、地理的には若干距離があるものの、墨俣ではこうした地域から調達されたのかもしれない。

朝鮮通信使を調べるなかで、全く別の資料との接点を発見した。『鸚鵡籠中記　元禄武士の日記[23]』である。本書は1691（元禄四）年七月～1718（享保二）十二月二十九日にわたる、下級武士朝日重章《あさひしげあき》の日記で、当時の日常が描かれた貴重な資料である。食事の日付や内容もある。ワサビが登場しないかどうかを調べたところ、複数の献立にワサビが登場することを発見した。

登場回数は四回。いずれも特別な会の饗応の献立というよりは、知人を自宅に呼んだ際にもてなした料理のように見受けられる。朝日重章は、知行百石、役料四十俵の御畳奉行として一か月三日ほどの勤務以外は、歌舞伎や浄瑠璃などの元禄時代の生活を満喫している様子がわかる。重章の身分は「下級武士」と称されるが、この時代に、静岡でも大阪や京都でもない尾張名護屋で、特別な献立でなくてもワサビが登場するのだという、一つの事例として興味深いと感じていた。

しかしながら、重章はただの下級武士ではなかったようなのである。重章は、尾張名護屋に訪れた朝鮮通信使来聘の際、通信使と直接交流できる立場にあったことがわかった。通信使に書画を求めて右往左往する姿が描かれている。第八回朝鮮通信使（正徳元年、1711年）の際には、尾張藩は徳川御三家として通信団を迎えるために、かなりの時間を準備にさいている。たとえば、朝鮮人の好むシカ肉の調達のために、二千五百人がシカ十六頭の生け捕りに駆り出されたことが記録されている。名護屋惣見寺*での献立も詳細に記されていた。重章はこれらの珍しい食材にふれる機会に恵まれていた身分であったと考えてよいだろう。前述した第七回の朝鮮通信使で名護屋で大人数にワサビがふるまわれていたことからも、名護屋に調達しうる産地の存在が推察できる。近い場所に産地があったとすれば、どこなのだろう。愛知県では、明治以前の名の通ったワサビ産地の情報はない。県外となると、前述した平安時代の「延喜式」に記載されていた越前国、丹後国、但馬国、因幡国、飛騨国のなかでは、飛騨が比較的有力な候補といえるかもしれないが、推測の域を出ない。

＊残念ながら、ワサビの記載は見られなかった。

コラム
海を渡ったワサビ

日本原産の栽培植物は限られているため、栽培植物の伝播といえば、日本への導入ばかり論じられてきた。日本原産と考えられるワサビがいつ頃海を越えて外国へ持ち出されたのかという議論がなされることは全くなかった。ここでは、私が調べることができたなかで最も古い記録を紹介したい。

　日本からほど近い朝鮮半島南端の釜山には、かつて「倭館」とよばれる日本人町が存在していた。江戸の開始から明治期のはじめまで、外国にあった唯一の日本人町として知られている。十万坪という広大な敷地に四百～五百人が暮らしていたという。[24] 1607（慶長十二）年に徳川将軍に対する第一回目の朝鮮通信使が来日したことで、両国の講和は成立し、正式に倭館が釜山に設置された。

　倭館で暮らす日本人は、外国暮らしのなかでも、できる限り故郷と類似した食材を入手しようとしたようである。日本とも近いこともあり、かなり類似した食材が入手可能であったらしい。料理人も日本から呼び寄せていたため、本格的な本膳料理がふるまわれていたこともわかっている。1736（享保二十二）年に浅井與左衛門が催した惜別の宴の献立が残されている。[25] そこにワサビが登場する。鱠として、いり酒、はね鯛（鯛の刺身）にワサビが添えられていた。日本本土における本膳料理にひけをとらない豪華さである（ただし、詳しくみると朝鮮風を意識した折衷方式がとら

れている)。この日の料理では、使用された食材は、把握できただけでも71品目にもわたるらしい。㉔

俄わさひ
小たゝミ
本膳　煎酒　はね鯛
　　　海そうかん
　　　ほうつき
汁　　小いの貝　小かき
　　　舞茸　よめな
香物　いろいろ　薄くす
飯
　　　坪煮物　せん切こ
　　　ぎんなん
數ミそ焼くり
　　　ささ庭鳥

小平　山のいも　れんこん
　　　ていれき　つくし
ひたししゅんきく
天目　岩たけ　枝くるみ
二の膳　かけ汁
大皿　小鯛　松たけ
　　　車ゑひ
大平　つとかまほこ
　　　角切り二色
　　　たまこ　牛房
　　　青ミ
木具引　焼雉子
吸物　ひれ　切ミ
取肴二種
後段　吸物　おこぢ
　　　ちやせんね
重引　大かつうを　麩

すミそ　さしミ
皿盛　つとかまほこ
うを　せり　色かんてん
蓋天目ぶた　ねき
猪口　もづく
吸物　しゝみ
重引　干鮎
小皿　とこぼし漬
花かつうを

異国の地にありながら、食材をそろえ、本膳料理なみの献立が実現できるという恵まれた環境にあったことがわかる。多くの食材は朝鮮半島で調達したと書かれているものの、この時代日本にしかなかったと考えられるワサビをどのように調達したのかについては、残念ながら記録を見つけることはできなかった。私が確認できたワサビが登場する献立の記録がこれだけしかないため、実際はより早い段階でワサビが倭館に持ち込まれていた可能性も否定はできない。同時期に記録された「塊記」でも頻繁に登場していることからも、享保のこの時期にはすでに、ワサビは懐石料理の食材として一般的になりつつあったと考えられている。いずれにせよ、徳川第八代将軍吉宗の時代にはすでに、ワサビは海を渡り、朝鮮の人々にも食されていたことは間違いなさそうである。

ところで吉宗は、家康ゆずりの薬好きであったことが知られている。中国の本草書に記載されている薬材が日本にあるかどうかを調べ、自国で調達できないかを調べようとしていた。これらの薬材のなかで国内に自生している動植物があれば、高価な生薬を輸入しなくて済む。吉宗は、輸入超過による銀の流出が深刻であった幕府財政の立て直しを目的として、薬剤の国内調達を目指していたのである。当時医学先進国であった朝鮮に興味をもち、倭館を利用して「鳥獣草木薬種の類が日本にあるものと朝鮮とは同じかどうか。日本にあって朝鮮にないもの、その逆はなにか」を調べるよう命じている。そのなかで最大のミッションであったのが、当時高値で取引されていた朝鮮人参の国産化に向けた植物採集であった。この時期に朝鮮半島から移植された人参は、採種と播種が繰り返され、ほどなくして日本で国産人参（オタネニンジン）の大量生産に成功することとなる。倭館は、朝鮮と日本の植物資源が行き交う場所として、重要な役割を果たしていたのである。

既述の朝鮮通信使一行を先導した対馬藩の宗家による「宗家記録」の参考献立（1682年）には、二十か所以上の饗応地の献立に使用された食品の野菜類として、ゴボウ、ダイコン、ショウガ、タデ、ナス、ネブカ（＝ネギ）、ミョウガ、ワサビ、の記載がみられた。[26]また、復路に供給された根菜類として、1711年に「山葵」の記載がある。注目すべきは、この資料ではワサビは

「根菜」で登場し、香辛料類では登場しない。ちなみに、同年の香辛料として記載があるのは、辛子、からしの粉、胡椒、粒胡椒、山椒、干山椒、唐辛子、となっている。この頃には、ワサビは「香辛料」として分類はされていなかったようである。

第3章で述べたように、日本に来た朝鮮通信使の人々は、第一回目（1607年）にはすでにワサビを食べていたと考えられる。現在のように、日本の津々浦々までワサビが浸透し、食されている時代ではなく、全国的にみればまだ珍しい食材だったはずのワサビを、朝鮮の人々が口にしていたことは、驚きの事実といえるだろう。ただ、朝鮮半島では、現在までワサビ文化が定着することはなかった。

この時期に導入されたワサビが残っていたら、DNA鑑定をしてみたい。この時期に朝鮮半島に渡ったワサビは日本のどこで育っていたワサビなのか、現代の品種とどう違うのか、多くのことを語ってくれるに違いない。

謎の肆

「握りずしにワサビ」が定番になった訳は？

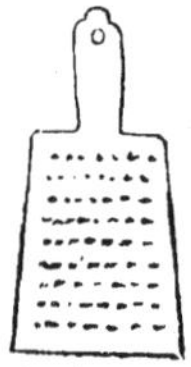

マグロ、醤油、ワサビ普及のタイミングがぴったり合ったから!

握りずしの文化を生んだ江戸

「すしにワサビ」はもはや世間の常識といってもよいだろう。世界的にも有名な組み合わせといえるのではないだろうか。しかしながら、ワサビやすしの個々の歴史と比較すると、組み合わせとしてはそれほど古くない。「第参の謎」で紹介したように、「刺身にワサビ」が定着するのは比較的新しい時代であり、「すしにワサビ」も、様々なすしの形態が存在していた頃にはワサビとは組み合わせられず、ワサビは「握りずし」と出会うことで定着するようになる。

握りずしの文化を生んだのは江戸である。江戸の特徴は、渡辺善治郎の著書『巨大都市江戸が和食をつくった』㉗が参考になる。そこから、まずは握りずしが生まれた時代の歴史的背景を見てみよう。

そもそも江戸は、徳川氏が江戸城に入城した天正十八年（1590年）に始まるといってよい。当時はごく小さな城であったが、慶長八年の徳川幕府の成立から本格的な都市づくりが始まり、その後百年ほどの間に人口百万人*（半分は武士）を抱える巨大都市が形成されたのである。武士階級の経済基盤は年貢収入であった。そのため、農村部では米の大半が年貢として取り上げられ、自由に米が食べられなかったとされるが、都市では米を中心の食事であり、全国で最も米を食する都市となっていた。[27]白米が食されていたので、「江戸わずらい」とよばれるビタミンB欠乏による脚気が流行したのも有名な話である。

また、江戸は男性の比率が異常に高い都市でもあった。そのため外食文化が発展した。こうして江戸では、貨幣経済の発展にもともない、「宵越しの銭は持たない」というような消費傾向の強い、とくに食に関して強い社会が形成されたのである。なかには借金までして初物食いに熱中する食文化現象がみられた。[27]

このような時代を背景に、江戸の四大名物食（蕎麦きり、てんぷら、うなぎ、握りずし）がうまれる。このうち、握りずしは最も歴史が新しい食べ物である。このなかで最も古いのは蕎麦切りであり「定勝寺《じょうしょうじ》文書」（1574年）が最も古い記録とされている。蕎麦の薬味としてのワサビ利用に関しては、具体的な時期は不明であるが、1751年に

＊当時のヨーロッパ各都市の人口は、ロンドン（約七十万人）、パリ（五十万人）、北京（七十万人）だった。

江戸の蕎麦通日新舎友蕎子が書いた「蕎麦全書」に、大根の辛いものがないときの代用品として「山葵」を使うと書かれている。このことから、四代名物食のうち、最も早くワサビとの組み合わせが親しまれるようになったのは蕎麦と考えてよさそうだ。

さらに、あまり知られていないかもしれないが、東京湾の漁場面積当たりの生産額は、明治、大正、昭和を通じて日本一であったというデータがある。つまり、日本の江戸は世界一の漁場であったと言っても過言ではなく、こうしたことを背景に握りずしのブームの基盤となる環境が整ったといえるのである。

握りずしの起源

近世における都市の料理文化を象徴する存在が料理書と料理屋である。こうした資料を読み解く時に注意しなければならないのは、時代背景である。寛政の改革（1787～1793年）で、料理文化は一時的

「**定勝寺文書**」
長野県の定勝寺で発見された古文書。修理工事の落成祝いに「ソハキリ」を振る舞ったという記事がある。

な衰退があったと一般的に認識されている。しかし第十一代将軍家斉の時代（1787〜1837年）に消費経済への転換があり、都市部で客が料金を支払い自由に料理を楽しむという食文化が成立した。この時期にプロ用から一般向けまで、数多くの料理書が刊行されるようになり、料理がより身近な存在になったとされている。[28] そしてまさにこの時代、文化・文政の世（1818〜1830年）に、江戸の町で握りずしが現れ、たちまち一世を風靡することになったのである。この、握りずしの考案者には二説（「松が鮨」または「与兵衛鮨」）ある。いくつかの記録から検証してみよう。まずは、松が鮨の記録から。

伊豆山葵隠しに入れて人までも泣かす安宅の丸漬の鮨

この頃のワサビはすでに涙が出るほど辛いものであったことがわかる。「安宅」は、堺屋松五郎が安宅六間堀に松が鮨を構えていたことによる。さらに、文化のはじめ頃、深川六軒ぼりに松がすし　出てきて世上すしの風一変し　「嬉遊笑覧《きゆうしょうらん》」

とあるので、相当画期的なすしであったと想像できる。他にも「甲子夜話《かっしやわ》」に、

近頃大川の東　安宅に、松の鮓と呼ぶ新製あり　松とは販（う）る人の名なり。

「守貞謾稿《もりさだまんこう》」には、

文政末頃ヨリ戎橋南ニ松ノ鮨ト号シ、江戸風ノ握リ鮨ヲ売ル（中略）是レ大坂ニテ江戸鮨ヲ売ルノ始也、江戸鮨ニ名アルハ、本所阿武蔵ノ松ノ鮨。

とあり、大阪に握りずしを伝えたのは松が鮨であったことがわかる。
長瀬牙之輔《ながせがのすけ》の『すし通㉙』には、

「嬉遊笑覧」（きゆうしょうらん）
1830年刊行。喜多村信節著の随筆。江戸時代後期の風俗を知る資料。

「甲子夜話」（かっしやわ）
江戸時代後期の肥前国平戸藩第九代藩主・松浦静山による随筆集。風俗、人物評や奇談などさまざまな話題をとりあげている。

「守貞謾稿」（もりさだまんこう）
喜田川守貞が1837年から約30年間書き続けた絵入り百科事典。江戸時代後期の江戸・大阪・京都の事物ををとりあげている。

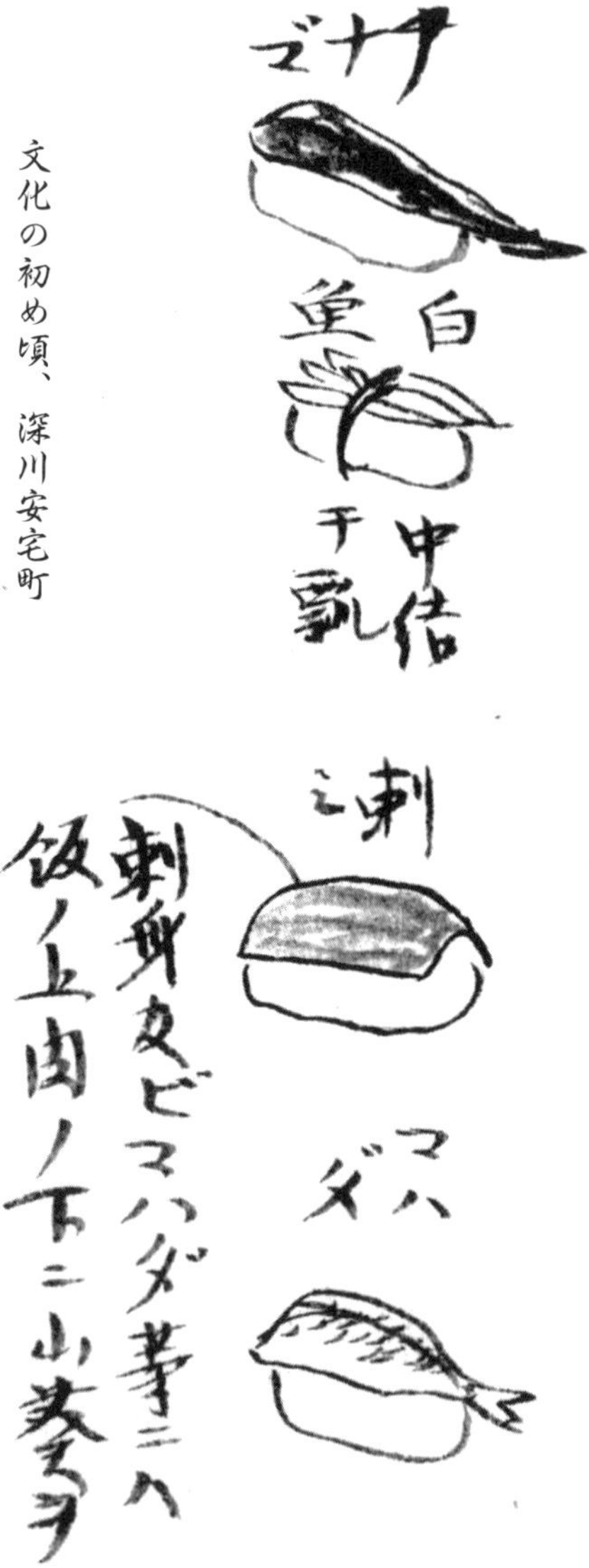

> 文化の初め頃、深川安宅町の御船蔵横町に、柏屋松五郎の名を取った松ケ鮓（または松の鮨）という有名なすし屋があり、松ケ鮓（または松の鮨）こそが、すしにワサビを使ったはじまりである。(29)

と明記されている。ここまで書くと「松が鮨説」が有力であるように思われるかもしれないが、現在は、圧倒的に「与兵衛鮨説」の方が支持されているようである。

押のきく、人は松公と与兵衛なり

「江戸名物狂誌選」（天保年間）にも、両家の繁昌ぶりが見られる。

杉山宗吉《すぎやまそうきち》『すしの思い出』[30]には次の記載もある。

文政の始ごろ、霊岸島の人与兵衛と云ふ者、はじめは鮨屋職人ではなく、好事のあまり鮨を握り出したに始まる（中略）

「守貞謾稿」に描かれたいろいろなすし。百四ページ下から二番目の「刺ミ」のにぎりずしには、「刺身及びコハダなどには、飯の上、肉の下にワサビを入れる」と注記されている（国立国会図書館デジタルコレクション）

この新鮮なる握り鮨は、江戸人の嗜好に投じ、急に江戸名物となった[30]。

与兵衛は1799年誕生とされているので、握りずしの発案は、生後およそ数十年後ではないかと言われている。与兵衛が握りずしの考案者とされる根拠として、

こみあひて待ちくたびれる与兵衛ずし客も諸とも手を握りけり
「武総両岸図抄《ぶそうりょうがんずしょう》」（1856年）

と書かれた狂歌がある。江戸時代に流行していた店の様子がよくわかる歌である。

第三の説もある。明治の国学者である岡本保孝《おかもとやすたか》（1797〜1878年）の随筆「難波江」に記載されていた内容から、握りずしの考案者は別にいて、延宝年代（1648〜1637年）に酢を使った初めての鮨は松本善甫《まつもとよしいち》という好事家であると結論付ける説である。この第三者説は少数派であり、『すし通』[29]でも『すしの思い出』[30]でも、考案者は初

代華屋与兵衛であろうと結論付けている。「松が鮨説」が「与兵衛鮨説」よりも根拠が弱い理由として、与兵衛鮨は身内が書き残した文献資料が残っているからとされている。

当時から握りずしは「商品」としての位置づけがはっきりしていたため、その後、江戸においても「家庭料理」として定着することはなかったらしい。握りずしは「買って食べるもの」もしくは「外食するもの」というイメージが現代においても定着している要因は、握りずしの普及の初期の段階にあったようである。

今ではすっかり定番となった握りずしは、立派な「発明品」である。ところが、握りずしの考案者とされた人々がその後見舞われた悲劇に関しては、あまり知られていない。

算盤づくならよしまなまし松ケ鮓（鮨）
松のすし一分ぺろりとねこがくい

金一分は酒一斗に相当する。天保の頃は四文（現代換算五十円）が普通であったとされるすしが、五、六十匁《もんめ》（現代換算で約六万三千〜七万五千円）ほどもしていたとされる。握りずしは大人気商品となったためにすし屋間での競争が激化し、その結果、高価なすし屋が出現していったと考えられる。

時は将軍家斉の時代。家斉の寵臣であった中野清重《なかのきよしげ》（石翁《せきおう》）は、賄賂政治を横行させていた。中野邸のそばには、賄賂に用いる贅沢品を売る店がたちならび、そのなかに、握りずしの店があったとされている。松が鮨もまた、出店して高値で売り出したとされている。ところが、１８４１年に家斉が死去し、水野越前守*（忠邦）が老中主座となると、ただちに中野を失脚させ、天保の改革を主導した。奢侈禁止と倹約令を発して呉服屋などの贅沢な商品を扱う商人二百余名が罰せられる事態となった。この時、松が鮨も与兵衛鮨も、贅沢なすしを売った罪で手錠軟禁の刑に処せられたのである。[31] 握りずしの二大立役者となった彼らは何を思っただろう。よもや二百年後、彼らが広めた握りずしが全国的に受け入れられ、食文化として定着することなど夢にも思わなかったに違いない。

＊「遠山の金さん」でおなじみの遠山景元を登用したのはこの人。厳しすぎる改革を急ぎ過ぎたあまりに反感をかい、忠邦はわずか二年で失脚している。

この頃、駿府のワサビ屋が「与兵衛寿司」をたずね、安倍奥産のワサビの売り込みに成功した、との記録がある。当時は一年のうち六か月くらいしか出荷できなかったようである。[32]

握りずし、全国へ

江戸時代、握りずしは「江戸の郷土料理」という位置づけであった。

では、いつ頃全国へ広がったのだろう。急速に全国に広がったのは、大正から昭和初期にかけてとされている。関東大震災（1923年）で被災した料理人が東京をはなれ、地方に移り住み、江戸の食文化が一気に拡がったようだ。さらに、太平洋戦争でも東京を追われた職人も数知れず、握りずしの伝播につながったとされている。

「すし」は全国各地で特色のある料理法が存在していた。新しく登場した握りずしが日本中を席巻するに至った背景には、何があったのだろうか。実はある重要な法令が出されていた。1947年の「飲食営業緊急措置令」である。戦後の食糧難のもと、アメリカに食料援助を受ける状況で、外食産業が規制を受けたのである。当然すし屋も対象となるはずであった。ところが東京都のすし商の組合が交渉し、「一合の米と引き替えに加工賃を取り、十かんの握りずしを作る」ことで、すし屋は飲食業ではなく「委託加工業者」として営業の許可をとることができた。その結果、全国各県のすし屋がこの方式を取り入れたため、結果的に、握りずしでなければ正規の商売ができないという図式ができあがってしまった。これにより、握りずしの全国展開が決定的なものとなり、現在に至ったとされている。握りずしとワサビの組み合わせによりワサビの普及がすすんだことを考えると、ワサビの運命に大きな影響を与える出来事であった。

こうして握りずし文化は現代にも受け継がれることになった。ところが、「ワサビとすし」の最強と思われてきた組み合わせにも、近年変化の兆しが見えはじめている。1958年に日本で初めての回転寿司が大阪で誕生し、現在では回転ずしが「すし文化」の一翼を担いつつある。ところが今、回転すし店では、子供たちが多く利用することもあり、すしとワサビが切り離されるようになってきた。少し前までは、「さび入り」、「さび抜き」が皿で区別されるなどしていたが、現在ではほぼ全ての店舗で、最初からはワサビを加えない「さび抜き」が基本になってしまっている。スーパーのパック入りのすしにも、最初からワサビが入っているものはほとんど見られなくなってしまった。このままでは、何世代か後の日本で「すしにワサビ」が当たり前でなくなる日がくるのではないかと私は本気で危惧している。将来、本書が誰かの目にとまる日が来た時、すしとワサビの関係がどのような状況で読まれるのか、少々おそろしい気もする。

ワサビの地位を不動にしたものとは

「握りずしにワサビ」の組み合わせが生まれた時代背景について述べてきた。ワサビにはもう一つ、忘れてはならない相棒がいる。「醤油」である。前述したとおり、江戸時代初期には、ワサビと醤油の組み合わせはほとんど資料上みられなかった。いつの頃からか、刺身やすしには「醤油とワサビ」の組み合わせが一般化するようになる。醤油の登場について、検証してみよう。

青山佐貴子らの研究によると、史料のなかで醤油が出現するのは「和歌食物本草」(1631年)が最初であり、この時期に現代につながる醤油が出現したらしい。[12]

調味料として用いられたとされる最初の記録は「料理物語」(164

3年）であり、この本では醤油は「鮒なます」、「がぜちあへ」、「鳩酒」、はふし酒」に使われていたが、出現数は四と少なかった。「守貞謾稿」に、「此引札、價、酒ノ廉ナルニ准ズレバ、醤油甚廉ナラズ」との記載がある。この「引札」は慶安年間（1648〜1652年）と推定されており、この頃（慶安年間）の醤油は高価であったため料理への使用は限られていたと考えられる。[12] 幕府が調査した日常必需品十一品の入津量の記録「享保九年（1724年）から同十五年にかけて、上方から江戸市場への入津量は平均して年間十三万余樽の醤油が上方から江戸市場に積送されている」[12]が残されている。さらに、濃口の「関東地廻り醤油」が徐々に江戸周辺で普及されるようになったのもこの時期とされている。商品としての醤油が日常的な調味料として不可欠になり、普及していたと考えてよいだろう。

この江戸初期は、食文化の中心は未だ上方にあり、調理法や加工食品、保存食品が上方から猛烈な勢いで地方、とくに江戸に向かって流入しつつある時期（元禄文化）であった。その後約一世紀の間に上方文化は江戸に普及し、ついに文化の中心は江戸に移り、19世紀初頭には文化・文政の江戸文化隆盛期を迎えるに至った。結果的に江戸は世界

＊この広告ちらしに示された値段は、酒が安いことから考えると醤油はたいへん高い

第一の人口をもつ大都市に発展し、現代に通じる日本食の基本となる食文化を形成したのである。

江戸中期に至り、定置網漁が発達しマグロが本格的に漁獲されるようになるのと同時期に醤油産業が発達し、マグロを醤油に漬ける「ヅケ」が浸透するようになった。[33] この時期からマグロの消費が徐々に拡大していった。後期になると海況変化のため大量に漁獲されるようになり、江戸前寿司の種に加わり、刺身のとしても全国的に食べられるようになった。[34] こうした一連の動向は、伊豆半島の天領地でワサビの栽培が正式に認められ大量生産が可能になり、江戸までの船での流通が確保された時期とも重なる。期せずしてワサビが普及し、庶民に深く浸透するための条件がそろったのである。

調味料としては、塩、味噌、酢に醤油、味醂、砂糖、こんぶ、かつおぶしが加わり、このことが、食材利用や保存方法まで大きな変化をもたらすことになった。例えば、現代の刺身や寿司ネタとして定番となっているマグロは、江戸初期には上等な魚ではなかった。天保の末期には、大漁にとれたものの、売れ残ったので捨て場に困ったのを馬喰町の恵比寿すしがすしダネに使ってみたところ、流行に至ったという説[29]もある。トロは屋台すしから発達したものなのであり、上品とはいえず、現在でも宮内省の出前すしには特別な注文がない限りマグロは使われないのが普通[29]とのことである。実際はわからない。

日本周辺を含むマグロ資源を管理する「中西部太平洋まぐろ類委員会（WCPFC）」は2014年、資源保護を目的に三十キログラム未満の幼魚の漁獲量を「2002～2004年平均の半分以下」に抑えることなどを取り決めた。この決定に基づき日本政府は沿岸クロマグロ漁を「承認制」とし、地域や漁法ごとに漁獲していい上限を定めている。江戸時代に、獲れすぎたマグロが江戸の人々の庶民の味として定着するに至ったなかでワサビの普及が広まった経緯を考えると、獲りすぎにより漁獲規制が行われるようになった現代との対比が際立っているように思える。江戸時代に爆発的な人気を博したワサビが若者を中心に低迷する現代において漁獲制限を受けたマグロは、ある種ワサビと運命をともにしているようで、そこはかとなく淋しさをおぼえるのは私だけだろうか。

ちなみに、トロでは、ワサビのききが悪くなるのをご存知だろうか。トロを食べる際には、ワサビは少し多めにつけて食べるとよいだろう。

謎の伍

日本全国津々浦々にワサビが定着した理由とは？

粉わさびが発明されたから！

辛味を活かすには

「握りずしにワサビ」、「刺身にワサビ」の文化が江戸後期から定着しつつあったといっても、現在のように、日本全国津々浦々まで浸透するためには、ワサビは特殊な植物でありすぎた。一番の問題は、一般的な野菜と比べて栽培が難しく、生育期間が長いため、大量生産に向いていない点である。また、もともと水分の多い環境で育つ植物であるため、常温、乾燥状態では鮮度が落ちやすい点もあげられる。さらに、ワサビの辛味は揮発性で、時間がたつと抜けてしまうのも難点といえる。そもそも、ワサビの辛味の本体は「アリルイソチオシアネート（ＡＩＴＣ）」とよばれる成分で、カラシやダイコンなど、他のアブラナ科植物にも含まれている。ところがこの辛味成分は、すりおろすなどをして初めて生じる物質なのだ。もともと植物体の中では配糖体（シニグリン）として存在し，すりおろすなどして細胞を破壊し、酵素（ミロシナーゼ）反応が生じることで、揮発性のＡＩＴＣが発生し、辛くなるのである。つまり、すりおろした状態で何もしなければ辛味がとんでしまい、ワサビ本来のよさが失われてしまうのである。だからといって、その都度根茎をすりおろさないというのは汎用性という側面からもかなり不利な要素であったはずである。

　では、普及が困難に思えるワサビが、現代の日本に全国レベルで定着した背景には何があったのだろうか？

粉わさびの開発

　多くの人が認めているように、私も「粉わさびの開発」が重要であったと考えている。粉ワサビを最初に開発したのは、小長谷与七*である。与七は、静岡県の大富村で茶の仲買いをしていた経験から、製茶の製法から「ワサビも乾かして、粉にすればいつまでも保存することができさぞかし便利だろう」と考え、粉わさびの製造に乗り出したという。当初は、静岡県の川根方面のワサビを粉末にしていたが、これだけでは量産の見込みがないうえ価格も割に合わないため、ワサビの風味を損なわない程度にカラシ粉を配合したという。これによって量産が可能になり、事業が成功したとされている。

　そんななか、粉末香辛料業界のなかで、粉わさびを取り扱うことを決めた三人の人物がいた。それが、東京の金岡軒次郎氏（現在の株式会

*彼の伝記は『小長谷才次伝[35]』に詳しく記載されている。国立国会図書館デジタルコレクション（図書館送信限定）で閲覧可能である。興味のある方はぜひ閲覧していただきたい。

社静わさび創業者)、東京青梅の岩田佐一氏(現在のカネク株式会社創業者)、そして愛知の金印株式会社の創業者小林元治氏である。三人は、それぞれ独自の立場から粉わさびの研究に打ち込んだという。こうした競争のもとで、粉わさびは日本中に普及してゆく。

与七の死去後、息子の才次があとをつぎ、1940年にできた静岡山葵工業組合の理事に就任する。1933年からは金印食品が粉ワサビの研究、製造に着手するなど、加工わさびの生産量が増えていった。『食品産業事典　改訂第9版㊱』には、次のように記載されている。

加工わさび業界の形成は、昭和九(1934)年~昭和十五(1940)年にかけてである。当時、東京の金岡健康堂(現：静わさび)、岩佐商店、高杉商手、静岡の勝澤商店、宮下商店、名古屋の小林商店(現：カネク)、(現：金印)などが企業化し、販売も活発化し、ようやく「粉わさび」が世に知られるようになった。まだ、この頃の原料は西洋わさびではなく本わさび(沢わさび、水わさび)が主流をなしていた。これが太平洋戦争中まで使われていた。

現在の加工わさび業界では、国産わさびが主原料の商品がたくさん出回っている。なかには、「国産わさび100%」と記載されている商品もある。同一メーカーからもさまざまな種類の加工わさびが発売されており、メーカー間の個性もある。なかには、「参りました」と言いたくなる練りわさびもある。好みのものを探してほしい。

「調味料」として認められる

当時ワサビは大量生産ができず、生ワサビだけでは粉わさびの原料をまかないきれていなかった。この事実が認識され、粉わさびは西洋わさびを原料とした「調味料」としての商品であることが、この機に公正取引委員会に正式に認められることになる。そこで、公正取引委員会は以下の規約を設けるに至った。

公正競争規約(昭和四十四年　公正取引委員会告示第三号)

「粉わさび」とは、西洋わさびを乾燥し、粉末化したものを主体とし、加工したものをいう。

このとき、わさびと誤認されるおそれがある文言、絵等の表示を禁止する事項等も記載されたことから、現在は原材料の西洋わさび(ホースラディッシュ)とわさびはわかりやすく区別され、表記されている。

当時、刺身はトレー包装され、冷蔵ショーケースのなかに並べられていたという。これに粉わさびを練ったものを添付しておくと、見た

国産ワサビをふんだんに使い、おいしくなった練りわさびは、日々利用する身としてありがたいものだが、原材料のことを考えると、採算がとれているのだろうかと心配にもなる。

私は個人的に、ワサビ栽培の難しさや希少性、辛さや味の個性の存在が、より多くの人々に認識されるようになれば、価格帯に幅があったとしても、選択肢が増えることで、消費者は選ぶ楽しみも増えるのではないかと考えている。

こうした動きは、生産者を育てることにもつながり、将来的にはよりよい循環につながるのではないだろうか。

目も悪く、食卓にあがるまでに風味と辛味が抜けてしまうことがあった。そのためこの頃から「練りわさび」の開発が業界全体に望まれるようになる。その結果、1972年にはエスビー食品が、1973年には金印商品が、1974年にはハウス食品が相次いで「ねりわさび」を発売するようになった。これにより、ワサビはいっそう身近な存在になり、広く日本の食文化として浸透し、定着するようになったのである。ワサビがここまで普及するに至った背景には、民間企業によるたゆまぬ努力が存在していたことを忘れてはならないだろう。

コラム
カステラにワサビ?

カステラはヨーロッパからキリスト教の宣教師によってもたらされた。そのこと自体はよく知られているかもしれないが、江戸期以前の16世紀の文献の献立上ではすでに登場し、早くから日本の食文化に浸透してきたとすればどうだろう。意外に思われるかもしれない。朝鮮通信使をもてなす料理でも、しばしばカステラは登場する[37]。つまり、ワサビが頻繁にもてなし料理に登場するようになる19世紀よりもずっと前から、カステラのほうが一足早く、料理の世界に浸透していたようだ。そんなカステラに関して、興味深い記事を発見した。時は江戸末期、場所は京都の萬屋五兵衛という菓子商の、「カステラの新しい食べ方」と書かれたチラシに「カステラの用いようは御菓子には限りません」として次のような記述があったらしい。

御用いやうは御茶菓子のみにあらず
寒気の節はふたものに入沸湯さして御用ひ　暑気の節は右に同じく冷泉にひたして御用ひ　酒肴には　右に同じく大根おろし山葵の類にて用ひ　其外煮物にさし込　料理もの、取合　酒の二日酔いによし　旅行にたづさへて水のかはりによし　御進物箱入品々御座候　外に極製花ボウル御座候　御試のうへ御用奉希上候まるで刺身のようなカステラの食べ方が紹介されていたのである。

　このチラシが配られた時期は、文化文政期（19世紀前半）か、もう少し前とされている。だとすれば、ワサビが江戸や主要都市で一般的な食材になりつつあった頃のこと。

　作家子母澤寛が東京日日新聞の記者時代の昭和初期にグルメ手記まとめた『味覚極楽』㊳（1927年）のなかでもこう述べている。

「幕末の頃の、長崎のカステラの広告に、カステラを薄く切り、山葵醤油で食べると酒の肴として至極上等だといふ事が書いてある㊳」

　彼は、知り合いの料理屋のおかみに頼み、自分でもこの食べ方を試している。その時の感想を「ちょっといけるものである」としている。その後のおかみの話が紹介されており、

「ああでもないこうでもないと何か珍しいものばかり食べたがっているお客さんにこれを出すと、ほめられます㊳」とあることからも、定番と言われる食べ方の殻をやぶろうとする、自由な発想に基づく食風景を垣間見ることができる。

　私も試してみたが、これがなかなかいける。本気で居酒屋のメニューにしてもおもしろいのではないかと思ったくらいである。甘い玉子焼きをワサビとおろし大根醤油で食べたような感覚、

といえば少しは想像しやすいだろうか。

最近では、ワサビを生地に練りこんだ「わさびカステラ」なるものが売られている。２０１９年に浄蓮の滝観光センターのオリジナル商品として開発されたばかりの新製品である。カステラとワサビの組み合わせの是非はともかく、現代では、甘い食品とワサビの組み合わせは、数多く開発されている。チョコレートや饅頭など、ワサビの産地やインターネットでも入手可能である。

筆者のおすすめは、なんといってもワサビソフトクリームだ。浄蓮の滝観光センターや道の駅天城越えで販売されている。あのあたりまで行けば、食べずに帰ると損をした気分になるほど、やみつきになってしまった。

ワサビはとくにチーズなどの乳製品と相性がよい。焼酎との組み合わせも注目されている。果たしてワサビはこれから食材としてどのような食材と組み合わされ、進化してゆくのだろう。あらためて、ワサビの奥深さに気づかされる。

なお、私のインスタグラムでは、ワサビに関連する商品を不定期で紹介している。ワサビ入りの菓子類などもたくさん紹介しているので、お好きな方はフォローしていただきたい。ちなみに、２０２0年6月17日現在のフォロワー数は八十六名である。

謎の陸

昔のワサビはどのような形をしていたのだろうか？

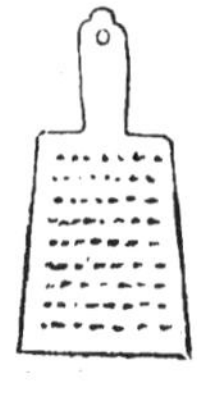

四百年かけて根茎が立派になった!

描かれたワサビ

過去のワサビの姿（とくに根茎の形態）が知りたいのには理由がある。本書の冒頭でも述べたとおり、ワサビでは栽培品種と野生種の区別はたいへん難しい。そのため私は、山に生えているワサビが真の野生なのか、栽培の逃げ出しなのかを判断するための材料を探していた。十年以上研究を続けてきてわかったのは、野生と栽培の違いは、根茎の肥大具合（根っこ部分の太り方）にあるということである。ただし、栽培ワサビを山に移植しても、条件によっては根茎は腐り、肥大しなくなる。そのため、自生地での区別は難しい。逆に、湧水による水耕栽培では、野生ワサビはどれだけ上手に栽培しても栽培品種ほど根茎は肥大しないため、野生と栽培の区別がつく。また、より辛くなるように選抜されてきたため、野生は栽培品種より辛くないが、食べてみなければわからないのである。

現代のワサビ品種と比べて、昔のワサビの見た目はどう違うのだろう。絵画資料で検証してみよう。これから紹介するワサビが描かれた絵画を見比べる際には、とくに根茎部分の肥大度に注目するようにしてほしい。

おかしなワサビたち

絵に描かれたワサビの資料として最も古いものは、「訓蒙図彙《きんもうずい》」であり、1666年頃描かれたと考えられる。本書は日本最古の植物図鑑であるが、後に出された「和漢三才図絵」（1712年）の方が知名度が高いだろう。

最初は、「これがワサビ？」と目を疑ってしまった。形態学的にワサビとは似ても似つかない。根茎は、「山薑」とよばれていただけあって、ショウガに似ている。地上部は確かに、葉だけをみると葵の形に似ていなくもない。とはいえ、この絵が実物を目の前にしながら描

「訓蒙図彙」に描かれたワサビ。葉が、茎から枝分かれした先についているのがおかしな点（国立国会図書館デジタルコレクション）

かれたのではないと確信するポイントがある。葉のつきかたがおかしいのだ。ワサビの葉は「根生葉」と言って、根茎から直接伸びるという特徴をもっているからである。他の絵を参照して欲しい。ワサビの葉がまっすぐ根元から一本のびているのがわかるだろう。

「訓蒙図彙」は注釈として、以下の文章がみられる。

諸品の形状並に茲邦の風俗土産に象る。凡て目撃する所の者は便筆して之を模す。或は画家の写する所に拠り、或は審に識者に問ひ、然して後工に命じて之を描成す。

「基本的には現物で形状を確認し、それができない場合は『識者』に判断をあおぐ」とある。この記述から、描いた人は現物を見ていなかったのだろうな、とあらためて感じた。そして教えを請うたという識者も、もしかしたら現物は見たことがなかった

「和漢三才図会」に描かれたワサビ。配置は変わっているが、「訓蒙図彙」と同じ絵である（国立国会図書館デジタルコレクション）

のかもしれない。そう考えると、この頃にはまだワサビは珍しい植物であり、誰でもそう簡単に入手できる代物ではなかったのではないかと推察する。

おもしろいことに、酷似した絵が「和漢三才図絵」にも掲載されている。この微妙な違いを見比べて欲しい。あまりにも似ているため、「和漢三才図絵」のこの絵が最古のワサビを描いた絵と勘違いされる可能性もあるが、私が調べた限りでは、あくまでも年代的に新しい「和漢三才図絵」が「訓蒙図彙」を引用模写していると思われる。

「和漢三才図絵」にはまた、「わさびおろし」も描かれている。前述したとおり、1700年代以降はおろしたワサビが食されることは珍しくなく、献立での登場回数が飛躍的に伸びる時期でもあり、この時期にワサビおろしが描かれていることに関しては矛盾はない。

「食物知新」に描かれたワサビ。根生葉が正しく描かれている。

次に紹介するのは、「食物知新」（1716年）で描かれたワサビである。

「訓蒙図彙」の絵と比べて、根生葉も描かれ、葉の葉脈や鋸歯の描かれ方は現実的である。ただし、花茎に関しては、苞葉なのか花弁なのかよくわからないため、判断がつきにくい。こちらも、実物を見て描かれてはいないのかもしれない。根茎は「訓蒙図彙」によく似ている。が、なんとも微妙である。葉柄の基部が詰まっている（くびれている）分、品質的にはよい個体とはいえない。

若冲と広重

最も注目して欲しいのは、次の二つの作品である。江戸時代を代表する著名な画家二人が描いたワサビを紹介しよう。

一人目は伊藤若冲《いとうじゃくちゅう》で、「蔬菜涅槃図《そさいねはんず》」（推定18世紀後半）のなかのワサビである。涅槃図とは、お釈迦様が亡くなる時（入滅）の様子を描いたもので、本作では、横たわったダイコンが釈迦にあたる。伊藤若冲といえば、緻密な描写が特徴の独特の画法で人気に火がつき、2000年頃から一大ブームとなったため、知る人も多いだろう。京都国立

ワサビのくびれはセクシーではありません。葉柄の付け根部分がくびれているワサビは、品評会では評価されません。よいワサビにはくびれはありません。人間にも同じ評価基準が採用されればいいのに（著者個人の感想です）。

伊藤若冲「蔬菜涅槃図」（京都国立博物館蔵）

博物館が所蔵する本作は、ブームとなった緻密で色鮮やかな絵画とは趣が異なる晩年の水墨画である。当時利用されていた野菜類が数多く描かれていて、食物史をさぐるうえでも重要な資料といえる。大根を釈迦に見立て、入滅を嘆き悲しむ菩薩、羅漢、動物、鳥をさまざまな京野菜や果物で表現している。

若冲は敬虔な仏教徒であった。安永八（1779）年の母の死のあと、母の後生と家業の繁栄を祈り作成されたものと考えられている。若冲は現在でも有名な京都の錦小路の青物問屋の跡継ぎとして生まれ育ったとされており、こうした生い立ちゆえの作品とみてよいだろう。

では、このなかのどこにワサビが描かれているだろう。探してみて欲しい。かなり難しい問題なので、当たらなくても当然と思っていただいてよい。小さくてわかりにくいかもしれないが、正解を楕円で示した。すぐ左横に描かれたキュウリと比べると、大きさの違いがよくわかるだろう。

ちなみに若冲は、生涯を通じて京都に生きた人物であり、丹波の山奥に隠棲した時期があるらしい。丹波に近い丹後は「本草和名」の記録にもあったとおり、古くから天然ワサビの産地で知られていた。数

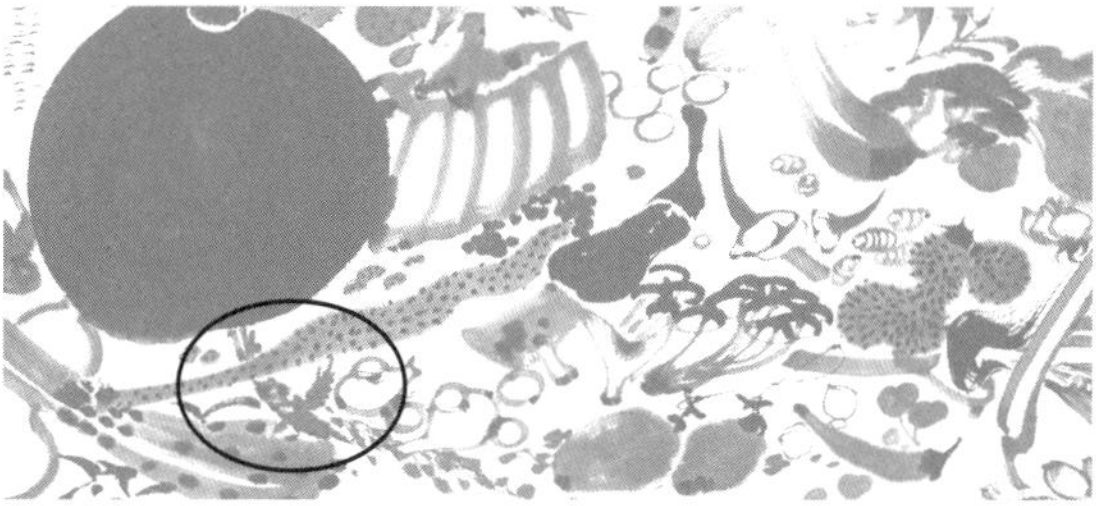

ワサビは左下に。となりのキュウリと比べるといかにも貧相

ある野菜のなかから、ワサビが題材に描かれたことは不思議ではない。さらにこの時期は、有東木で栽培されていたワサビは全国には広まっていなかったと考えられ、仮に有東木ワサビの根茎が現在に近いくらい立派であったとしても、若冲はお目にかかるチャンスはなかっただろう。したがって、若干「貧相」なワサビを描かざるをえなかったとすれば、これもまた納得がゆく。

次に注目して欲しいのは、浮世絵師歌川広《うたがわひろ》重《しげ》の版画である。「魚尽錦絵《うおづくしにしきえ》」（1832年頃刷）の一葉で、表題が「魚づくし　あま鯛、藻魚に山葵」となっている。

鯛などの魚に比べて、ワサビは貧相に見えるのがわかるだろうか。「誹風たねふくべ」二集（1844年）にもワサビが描かれているが、いずれも根茎は現在の立派なワサビに比

歌川広重「魚づくし」（国立国会図書館デジタルコレクション）

べて貧弱に見える。

ワサビの栽培が始まったとされる慶長年間から、広重の絵、若冲の絵が描かれるまでの期間はどれくらいだろうか。ワサビの本格的な栽培が始まったのは、現在から400年ほど前の慶長年間（1596～1615年）であったとされている（開始はもっと前であると予想される）ので、有東木での栽培開始（慶長年間）から若冲の絵（1779年）および広重の絵（1800年ころ）の年代から推定すると、これらの絵の製作時期から、現在までは200年経過している。

つまり、広重や若冲の絵のワサビは、栽培品種の歴史のちょうど中間点にあったといえるのである。彼らが描いたワサビの根茎が現代の栽培品種に比べて貧弱な理由は、次の二つが考えられるだろう。

①栽培植物として根茎の肥大という形態上の進化が途中段階であったため

②描かれたワサビが有東木で栽培が始まったワサビではなく、野生種であったため

「誹風たねふくべ」1844年刊。三友堂益亭の狂歌集。

「誹風たねふくべ」のワサビ

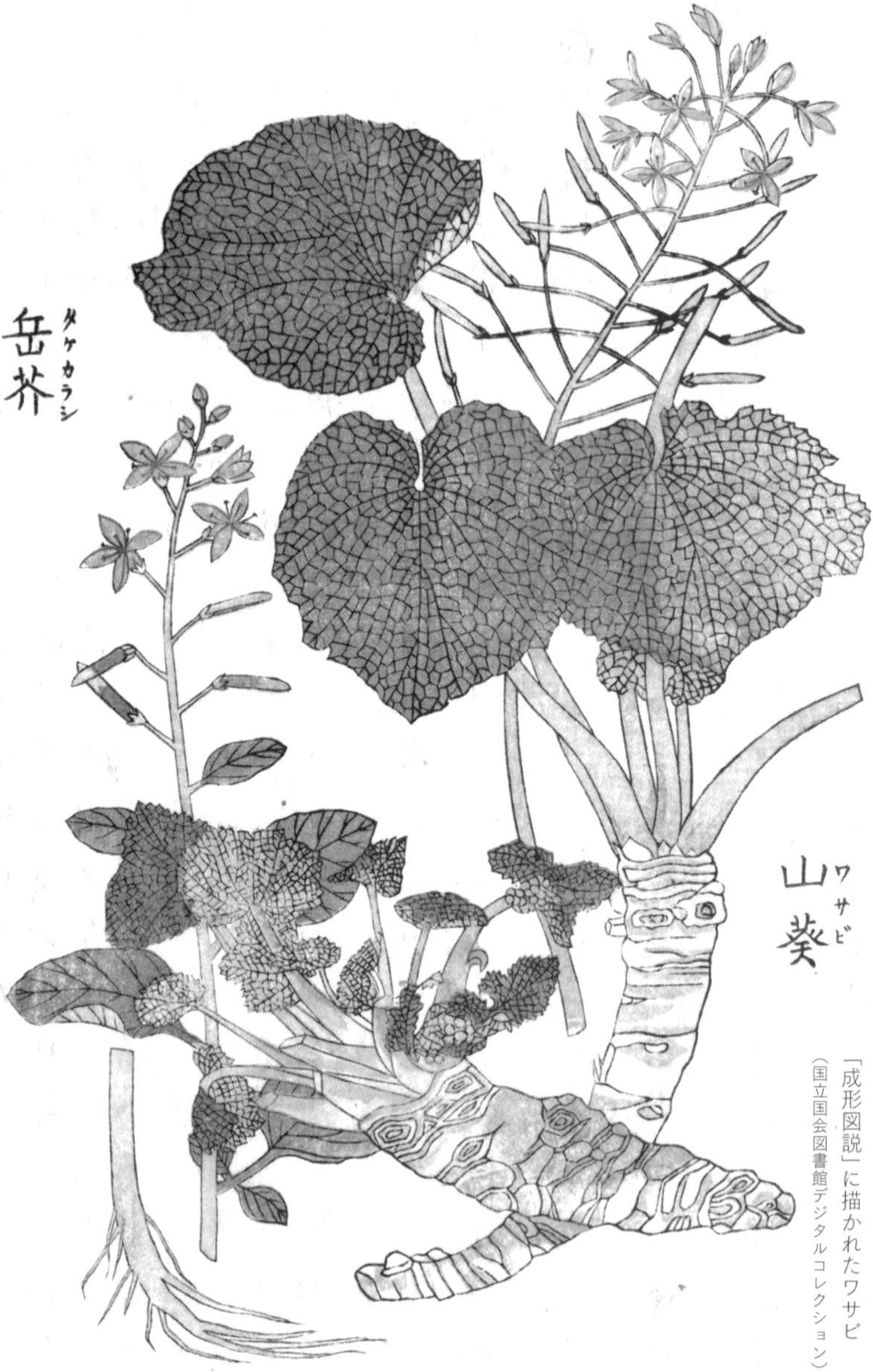

「成形図説」に描かれたワサビ
（国立国会図書館デジタルコレクション）

私は、この時代はまだ、有東木のワサビは一般にはあまり出回っていなかったのではないかと考えている。そのため、②であった可能性が高そうである。この時期のワサビが①の状態であったかどうかは、今となってはわからないが、少なくとも現在ほど肥大した根茎ではなかったのではないかと推察している。

比較しやすいように、昭和のワサビ関連本の表紙を示しておく。当たり前とはいえ、立派な根茎が描かれている。

「成形図説」という書物に描かれていたワサビ（曽槃作）を見て欲しい。かなり正確に描かれている。なにより根茎が緻密で正確に描写されているのがわかる。

残念ながら、本図が描かれた年代は定かではないが、おそらく19世紀前半であったと考えられる。この時代は、すでにワサビが江戸で大量に用いられていた時期であり、伊豆でも栽培が始まっていた。栽培植物として進化が著しい時期であったと推察される。しかも、本書は農書である。栽培品種を描いていた可能性も高い。

「成形図説」
江戸時代の代表的な農書の一つで、薩摩藩主島津重豪の書物編纂事業による。農事、五穀、蔬菜、薬草、樹竹などの部門に分けられ、はじめ全百巻の計画で原稿がまとめられたが、完成直後に火災のため焼失し、のち1831年になって三十巻が復刻された。

理想的なワサビの根茎が描かれている

次に紹介するのは、韮山《にらやま》代官江川英龍《えがわひでたつ》㊴（江川家第三十六代当主、1801～1855年）が描いたワサビの絵である。当人の書とともに描かれたワサビは、全体的には小さくみえるものの、よくみると根茎は立派にみえる。韮山は、伊豆半島にあり、すでにワサビ栽培が拡大していた場所にほど近い。そのため、この時代に、比較的立派な根茎のワサビが描かれていても不思議ではない。ワサビに特徴的な根生葉が正確に表現されている点からも、実際にワサビを目の前にして描いているのだろうと想像できる。産地ならではの作品といえるだろう。興味深いのは、添えられている文章である。

山葵からくばあやまるに

「ワサビが辛ければ謝りましょう」という意味である。実際に、本人を描いていると思われる絵の中の男性は、申し訳なさそうに詫びるような仕草にもみえる。なぜワサビが辛ければ謝らなければならないのだろう。『江川家の至宝』㊴の筆者でもあり、歴史研究者の橋本敬之《はしもとたかゆき》氏にたずねてみたところ、橋本氏もずっと不思議に思っておられたと

橋本氏には、板垣勘四郎の件などたくさんの有用なアドバイスをいただいた。この場を借りてお礼を申し上げる。

いう。

次のようなことわざがある。

> 山葵と浄瑠璃は
> 泣いて誉める

「山葵は涙が出るほどからいのが上質であるし、浄瑠璃も泣かされるほどでないと上手いとは言わない」[40]という意味である。

一見このことわざと英龍の言葉は矛盾しているようにも見えるものの、本質的には同じなのではないだろうか。両者とも、ワサビは「涙が出るほどすごい」という点では一致しているように思える。

英龍の絵の方は、「あまりにも辛

江川英龍が描いたワサビ

いワサビのせいで泣かせてしまったことを詫びる」という表現で、逆に目の前のワサビの優秀さを表現しているのではないか、つまり、「恐縮してしまうほど辛いワサビ」をユーモラスに表現しているのではないか、というのが私の考えである。もちろん、他にもさまざまな解釈があるだろう。よい考えがあれば教えていただきたい。

芸術作品という位置づけで描かれた絵も、時代を写す証拠になることがある。根茎の肥大に関しては、野生から栽培に進化する際に、どのような塩基配列の違いが肥大につながったのかなど、将来的にはDNAを分析することで、分子レベルでメカニズムが解読できる日も来るだろう。その時には、いつ頃栽培化され、どの程度根茎が肥大したのか、という情報が必要になる。今回紹介した絵がこうした研究に役にたつかもしれない。

それにしても、ワサビを描いた芸術家たちも、時を経てこのような注目のされ方をするなど、思ってもみなかっただろう。他にも私が発掘できていないワサビの絵が存在するかもしれない。見つけた方は是非ご一報いただきたい。

謎の漆

栽培ワサビの起源地は？

武田家滅亡と関係がありそう！

栽培ワサビは武田領から来た？

ここまでに述べたように、現代につながる根茎の肥大を目的とした大規模な栽培は、少なくとも16世紀後半には始まっていたと考えられる。残念ながら、今のところ、ワサビの栽培が始まった頃の直接的な記録を見つけることはできていない。その代わりに、伝承の記録や間接的な記述からあらためて検証してみた。結果は次のとおりである。

● 1607（慶長十二）年の第一回朝鮮通信使の饗応用に有東木のわさびが調達されたとの記録⑯→この時期にはすでに一定量を供給できるほどの栽培が行われていたと考えられる

● 1718（享保三）年に有東木に隣接する渡村の文書㊶「かやの木は竹壱枚　代金壱両三分　此内わさび田除置売申候」　→「わさび田」の初見。「わさび沢」ではなく「わさび田」と表現されてい

たことから、伊豆のワサビ栽培の記録より前に栽培が始まっていたと考えられる

●1924(大正十三)年に板垣勘四郎の顕彰碑が落成された際の記録「延享元(1774)年代官の命により椎茸栽培の師として駿河國安倍郡有東木村に派遣せらる 此地般来山葵を産す 翁其の苗を取来り天城山岩尾地蔵カランの地に試作す」↓この時点ですでに有東木ではワサビ栽培が始まっていたことがわかる

以上の資料から、詳しい年代は不明ではあるものの、少なくとも17世紀初頭にはすでに質のよいワサビが大量に栽培されており、栽培に関しても高い技術を有していたことがうかがい知ることができる。

有東木の人々

では、どのような人々がワサビの栽培を始めたのだろうか。

『わさび栽培発祥の郷を訪ねて[42]—静岡県有東木—』に以下の記述がある。

> 有東木は今から遡ること三百八十年の昔、慶長九年、望月六郎右衛門を長として開かれたとして今日まで言い伝えられております。
>
> 地蔵峠、月夜の段を経て山梨県へ通じており、駿河と甲斐とを結ぶ要路であったことから、武田家の落ち武者説が強いのも頷けます。[42]

さらに1973年の毎日新聞の記事には以下の記載があった。

> 鎌倉時代一一九三年（建久四年）遠江国（静岡）安倍郡六河内村有東木に、甲州人の望月五兵衛、宮原清左衛門、白鳥五郎平の三家が移住した。

私の聞き取り調査でも、有東木の人々には、開祖が武田家の一族であると考えている人が多いようだ。毎日新聞の記事を読む限りでは、有東木は、武田家が滅亡する戦国時代よりもずっと以前に開村されたとされているようである。開村時期はともかく、すでに開村していた有東木に、時代が下った戦国時代に落ち延びてきた武田一族の人々が移り住んだとしても矛盾はない。いずれにせよ、望月家は、武田家の御親族衆のうちの一つである。㊸

さらに、「大河内村誌⑲」には、次のとおり記されている。

山葵*の本場は有東木にして自然生のものさへあるは此の地の適するを証するに足る　初めて栽殖せし年代は詳らかならざれど慶長以前にあり　渡中平等へ移植せしは慶長以後なるべし

ここでは時期がふれられており、「慶長以前」とある。1607年の第一回朝鮮通信使用のワサビが調達されていたとすれば、まさにこの記録と合致する。私自身も、有東木での栽培は、16世紀にはすでに発祥していたと考えている。

＊山葵の本場は有東木である。自然に生えるものもあり、ここが栽培に適しているのがわかる。初めて栽植した年代は詳かでないが、慶長以前であろう。渡・中平に移植したのは慶長以降だろう。

渡、中平は、有東木に近い地区の名。同じ大河内村（現在は静岡市葵区）にあった。

どの野生系統が使われたのか

栽培植物起源学では、どこで栽培が開始されたのか、という点が重要となるが、さらに踏み込んで、「どこの野生系統が栽培化されたのか」を明らかにしたいと考えている。この点に関しては、発祥の地の記念碑に次のような表記がある。

有東木沢の源流である通称「山葵山」に自生していたが、あるとき村人がこれを採集して井戸頭という地の湧き水に栽培したところ、これが適地であり成長繁殖したとある。そこで村人たちはあちこちに水を引いて栽培を試み成果をあげたが、やがてこれが口伝えに知られ、下流の村々にも栽培法は広められた。故にこの地を「山葵栽培発祥の地」という。㊷

このように、ここではもともと自生していたワサビを湧水で栽培するようになったのが始まりとされている。「大河内村誌⑲」にも同様の記載があった。

私はここに若干の疑問を感じている。実際にこの頃、有東木には野生のワサビが自生していたのだろうか。私の調査では、有東木周辺では真の野生ワサビと考えられるような集団は見つけられていない。全国のワサビの自生地を探し歩いた経験上、有東木のあたりは、ワサビの自生地としては太平洋側に近すぎる気がしている。「人類史以前のワサビ」でも述べたとおり、ワサビは氷河期以降に日本海側の気候に適応して進化した固有種である。そのため、主な自生地は日本海側となっている。一方、南アルプスの南の端に位置する有東木は太平洋側に位置づけられる。

当時ワサビが自生していたとしても、日本海側ほど多くの個体が繁茂するような、大集団を形成していただろうか。あくまでも私的見解ではあるものの、有東木で栽培化されたワサビは、静岡県側（今川領）というよりは、現在の山梨県を中心とした甲斐の国方面（武田領）から持ち込まれたものなのではないか、という仮説をたてている。

そもそも有東木は、十枚山・糸魚川構造線に挟まれ、構造運動によって亀裂が多く、地下水を涵養しやすいことがわかっている。つまり、豊富な湧水を得やすい、ワサビ栽培には最適の場所といえる。そのため、持ち込まれたワサビを植え付けてみたところ、うまく栽培できるようになった、ということが考えられる。そのきっかけとしても、そもそも身近にワサビが繁茂している場所でなかったからこそ、栽培という行為により増殖を試みたのではないかと仮定できる。つまり、この地で栽培が発祥したことは、自然の成り行きであったと理解できるのである。

栽培種の祖先を求めて

私自身も何度か周辺の山を探したが、有東木周辺で明らかなワサビ集団の自生地は確認できていない。しかし、シカによる食害がひどいため、シカの食害により見つけられなくなったのか、もともと野生ワサビは自生していなかったのか、判断が難しい。より客観的に起源地の検証を行うために、私の研究室ではＤＮＡ分析をすすめている。有東木の自生ワサビが栽培化されたかどうかを、栽培種の野生種祖先種となった集団を特定することで、解明しようと試みているのだ。現時点では、現存する「だるま系」品種の元となった野生祖先集団のルーツが、山梨県、群馬県、長野県の野生集団のどれかなのではないか、というところまで絞り込めている。より精密なDNAマーカーを使うなどをすれば、もう少し狭い範囲でエリアを特定できるかもしれない。

ワサビ栽培最大の功労者にまつわる謎

現代の日本人にとって、ワサビといえば、真っ先に思い浮かぶのは静岡県と長野県だろう。なかでも伊豆半島は、言うまでもなく日本を代表する産地である。わさびの日本史を調べるうちに、まさにこの伊豆半島で大規模な栽培がはじまったことが、その後のワサビの世界にどれほど大きな影響を与えたのかということを、これまで以上に強く感じるようになった。

なぜ伊豆半島だったのか

そもそも、なぜ伊豆半島なのだろうか。第2章でも述べたように、ワサビは進化の過程のなかで、日本海側の深雪地帯に適応して成立した植物である。伊豆といえば、真逆の太平洋側に位置している。実はこの伊豆半島は、ワサビ栽培には大変適した環境なのである。近年採択された「静岡水わさびの世界農業遺産」のホームページには、

伊豆エリアのわさび産地は、標高1406mの万三郎岳を頂点とする天城山系の渓流沿いに広がり、この地域の水は、天城山系に降った雨水が噴火堆積物である軽石や石英安山岩の層を抜けてきたもので、水量、水温、養分とともに、わさび栽培に最適と言われる。また、堆積物がわさび栽培の作土に適していることも、この地にわさび田が集積した大きな要因となっている。

とある。日本でも有数の年間降水量（約4000ミリ）による豊富な水量と、これらの水を涵養する天城山系の地質環境の両方の特徴が備わっている場所なのである。

さらに、伊豆の土地利用の歴史的背景も重要な要素であった。伊豆半島に位置する天城山は、徳川幕府の天領であったため、留木*制度を

＊「留木」は、特定の樹種を指定して伐採を制限したり禁止すること。幕府は「九木制」とよばれる留木制度を設け、御林の直接的な管理保護のための強化を図った。

敷くなどして林野を幕府管理下に置いていたのである。1685（貞享二）年には、留木制度をより強化し、農民の自由伐採をさらに厳しくしたという。こうして保護された山林のなかで、管理の代償として許された人々が入山権をもち、薪炭やシイタケ、そしてワサビをさかんに生産するようになった。

私は、伊豆半島が天領であったという背景こそ、後の伊豆ワサビ栽培の発展に大きな影響を与えたのではないかと考えている。その要因としては、自由伐採が認められなかったために、ワサビを育てる豊かな森と水源が維持されてきたこと、幕府をあげて森林資源の活用が進められてきた結果、栽培技術などが共有され、大規模な発展につながったこと、などがあげられる。『静岡県史』[41]で橋本氏が述べているように、幕府が天領でのワサビ栽培を正式に認めてからほどなく、この地でのワサビ生産は天城山村に安定した収入をもたらし、人々を潤し、単なる農閑余業とはいえないほど発展していった。

伊豆ワサビ栽培の祖、板垣勘四郎

1698（元禄十一）年には、直接的に林野の管理を目的とする組織として代官の下に御林守が置かれ、幕府の林政組織が確立した。こうした制度のなかで、一人の重要な人物が登場する。彼こそが、伊豆ワサビ栽培発祥の祖とされる板垣勘四郎《いたがきかんしろう》である。

今よりより二百六十年前頃、有東木の望月三右衛門の先祖が、伊豆の人より、しいたけ栽培方を教わり、伊豆の人にワサビ栽培方を教え、この伊豆の人により天城山麓地方へワサビ栽培を伝え、伊豆ワサビの起源になった。㊷

この資料に登場する「伊豆の人」というのが、板垣勘四郎である。板垣勘四郎は、伊豆だけでなく、現代のワサビ栽培につながる重要なキーパーソンである。伊豆のワサビの世界ではあまりにも有名な人物であり、さまざまな逸話が残されている。たとえば、野木治朗著『天城の山の物語』㊹に当時の歴史的な出来事もよくまとめられており、読みものとしても非常に面白い。本書に限らず、板垣勘四郎に関しては、どこまでが史実でどこまでがフィクションかわからないほど情報が錯綜している。ざっくりと要約すると、次のようになる。

有東木の住民は、全生涯をかけて天城の山にワサビを育て、伊豆半島の人々の栄える道を開こうとしている誠意に感心して、当時村外に出してはならないおきてとなっていた駿府禁制のワサビ苗を、有東木部落に駿河しいたけの栽培を指導してくれたお礼にと、板垣勘四郎へ渡した。後年の寛延初年、このことは奉行所の発見するところとなり、駿府におけるワサビ訴訟裁判となる。当時の名奉行と名高い大岡越前の裁きでは「伊豆の人々を思い、ワサビを求むる心根に天も感じ、弁当の飯までワサビに変えてしまった」「有東木の庄兵衛は勘四郎に弁当を渡したもので、東照宮のおきてを破ったものではない」などとして不問に付された。

ほかにも、望月家の娘が勘四郎に恋をしたがゆえに掟をやぶり、門外不出だった有東木のワサビをお弁当に詰めてこっそり持ち帰らせた、などという話もある。読んでいておもしろく、想像するのは楽しいが、どこまでが史実に基いているのかは整理しておくべきだろう。ここでは私が確認できた資料を紹介しながらまとめてみたい。

板垣が登場する史料

①「豆州志稿」㊺　1800年　秋山富南編

山葵ハ天城山中及ビ其支脈ノ渓谷に産ス、狩野・大見両郷最多シ、……（中略）……根ヲ食料トス味辛クシテ美ナリ、是本州屈指ノ産物ニシテ年々各地に輸送スル者少ナカラズ。州産全国ニ冠絶スト云、……（中略）……明和中湯ヶ島村ノ板垣勘四郎ナル者始メテ之ヲ試作シ、爾来大イニ繁殖スト云*

特筆すべきは「根を食べること、辛くておいしいこと」という表記である。各地に輸送されているという記載も、この頃にはすでに伊豆のワサビが各地へ広がっていったということを記している。

ところが、①の記録には、駿河（有東木）から勘四郎が苗を持ち込ん

豆州志稿
江戸時代に秋山富南により編さんされた伊豆国の地誌。「豆州」は伊豆国の異称。

＊山葵は天城山中やその支脈の渓谷に生え、狩野・大見に多い。（中略）根を食用とし、味は辛くておいしい。伊豆屈指の産物で、毎年各地に出荷する者が多い。伊豆産は全国一だという。（中略）明和年間に湯ヶ島村の板垣勘四郎という者が初めて作り、以来大いに増えたという。

だとの記載がない。『静岡県史』[41]でも橋本氏は次のように主張されている。「①は記載されている年代と本書の完成年が比較的近いことから、仮に苗が駿河から持ち込まれたものであったとしたら、そのような記載があってもよいだろう。そのため、苗の持ち込みに関しては、事実かどうかは未確認とした方がよさそうだ」。確かに、①には、あたかも「従来天城山に自生していたワサビ」を明和中に栽培を始めた、とあり、駿河から持ち込まれたことは書かれていない。この点は非常に重要な論点ともいえるため、史料を集め、検証を試みた。

素人の私が古文書を探すうえで、非常にありがたいサイトを知った。静岡県史の編集において、根拠となった史料は*「静岡県史編さん収集資料検索システム」で検索できるのだ。このサイトを利用して見つけた板垣勘四郎に関する二件の重要な古文書は次の通りである。

②由緒書（山守由緒）1755年（宝暦五年十二月）

作成者・差出人：山本伝六　足立平左衛門　板垣勘四郎

板垣勘四郎七十才の記載がある。

有徳院様（徳川吉宗）の代の元文二年に天城山守に命じられたこと、

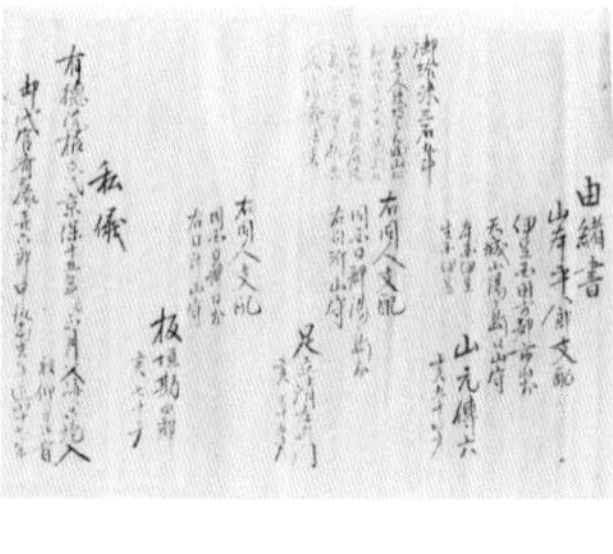

「由緒書」原本を閲覧させていただいた。板垣勘四郎の実在、年齢などが確認できた。

＊ https://multi.tosyokan.pref.shizuoka.jp/kenshi/top
資料が見つからず困っていた折に、本書の担当編集者が発見した。ここで発見した資料は板垣勘四郎に関する情報を整理する際に欠かせなかった。

代官は斎藤喜六郎であったことがわかる。

短い記録ではあるが、本文書により、板垣勘四郎が実在する人物であり、代官斎藤喜六郎により山守に命じられたことが明確になった。生まれ年（1986年）も明示され、碑文などに書かれている通説と合致する。本文書を前提として、関係する年代を検証してみよう。

③芳名簿（板垣勘四郎顕彰碑落成）　1924（大正十三）年
作成者・差出人：田方郡上狩野村湯ヶ島
天城山山葵沢拝借人総代　浅田藤次郎（印）　外7名

元*文年中湯ヶ島の農民板垣勘四郎翁駿河国有東木村の山中より其苗を採来り當山岩尾の地に植えて好果を得……（中略）……来其法を習ふ者多く宝暦に至り村民相議して作付の許を受け又年金壱分を贈りて翁の労に酬い大に進みて今日に至る培養の祖たる翁の功永く忘るべからず之を石に鞆して後に傳へん

＊要約
・元文年間に湯ヶ島の農民板垣勘四郎翁が有東木村から苗を持ち帰り、天城山の岩尾に植えた。
・板垣翁は延宝六年生まれ、伊豆田方郡上狩野村湯ヶ島の出身。農民の伝右衛門の長男だったが、人柄を代官の斉藤喜六郎に認められ、元文二年に山守を命ぜられ十三年間務めた。延享元年に有東木村に椎茸栽培を教えるために派遣され、ワサビに出会い持ち帰って植えた。天城山のワサビ栽培のはじまりである。
・翁は明和元年に七十八歳で亡くなった。
・湯ヶ島のワサビはその後の天明三年に江戸の市場で評価され、今日まで栄えている。
・湯ヶ島村では、天明五年から明治七年まで板垣家に年金を贈っていた。

説く者は多し行ふ者は少し天城山山葵栽培の祖板垣勘四郎翁の如き是に行ひし人の偉ふる者と云ふべし翁は延宝六年伊豆國田方郡上狩野村湯ヶ島に生と農傳右衛門の長男なり翁父祖の業を継ぎて精勵為人亦高潔代官斎藤喜六郎に認められて元文二年湯ヶ島口山守を命せられ其職に在る事十三年延享元年代官の命により椎茸栽培の師として駿河國安倍郡有東木村に派遣せらる此地般来山葵を産す翁其の苗を取来り天城山岩尾地蔵カランの血に試作す此山中の山葵實にここに始まる抑山葵の性清水湧出する冷涼の礫地を好む此地恰も之に當るが故に大に繁殖し近燐倣ふ者多し

明和元年翁没す歳八十七而にして翁の功股後愈輝き天明三年始めて江戸市場に於いて聲價を得爾来斬新業栄えて今日に至る湯ヶ島村は天明五年より明治七年に至る迄板垣家に年金を贈りて栽祖の恩に報いしが今更に有志の斡旋に依り碑を建て翁の功績を勒して不朽ならしむ

大正十三年

第一高等学校教授従六位沼波武夫撰

本文書は、勘四郎が天城山守に命じられたとする1737（天文二年から約二百年後に記されたことになる。時間的な間隔があいているものの、現在に残される板垣勘四郎の歴史は、この文がもとになっていると考えられる。たとえば、「斎藤喜六郎に認められて元文二年湯ヶ島口山守を瞑せられ」という箇所や、「延享元年代官の命により椎茸栽培の師として駿河國安倍郡有東木村に派遣せらる」との記載は、現在最もよく用いられる年代である。ただし、「翁は延宝六年伊豆國田方郡上狩野村湯ヶ島に生」という記述は、②の年代とは合わないし、「元文年中……（略）……駿河国有東木村の山中より其苗を採来」は、同文中の「延享元年代」とは合わない。とくに年代に関しては、全ての資料を鵜呑みにすることは危険であることがわかる。いずれにせよ、資料③は重要な記録であることは間違いない。また、③に書かれているように、勘四郎の功績をたたえて村民が年金を送っていたことに関しては、③よりも年代が十年ほど古い「田方郡上狩野村誌[46]」（1913年）にも、口碑伝説（言い伝え）として、記録が残されている。

④「田方郡上狩野村誌㊻」（1913年）

山葵ニ関スル傳説
天明ノ頃板垣勘四郎ナルモノ駿河國字嶺ヨリ山葵苗を持チ来リテ天城山中ニ植栽シタリ是レ豆州山葵ノ始マリトナリトイフ又傳フ、当時天城山中ニ山葵ト同一ノモノ野生シタリシガ時ノ人其ノ山葵タルコトヲシラザリシナリト
附言近傍ノ人勘四郎ヲ徳トシ年々若干ヲ醵出シテ其家ニ贈リシコトハ明治十二年頃迄續行シタリ
一ノ次山葵ニ関スル傳説ノ二
享和元年三月始メテ試作後七年文化四年出現ノ上五ケ年期ヲ以テ拝借ノ許可ヲ得借地料四百六十四文上納爾後借地料漸々増額明治十一年ニイタリ全山葵澤反別六町七反七畝十三歩借地料壱円ナリ

以上の記録からわかる重要な点が三つある。

一つ目は、勘四郎が栽培を始めた時期である。「豆州志稿」では明和年間（1764~1771年）としているのに対して、「田方郡上狩野

＊天明の頃、板垣勘四郎という者が駿河国からワサビ苗を持ち帰り、天城山中に植えた。これが伊豆ワサビの始まりという。また、当時天城山にはワサビと同じものが自生していたが、当時の人はこれがワサビであることを知らなかった。
近所の人は勘四郎に報じるため、明治十二年まで、拠出し合って板垣家に贈っていた。
ワサビに関する伝説二
享和元年三月に初めて試作を行い、七年後の文化四年に五年間土地を借りる許可を得た。そのときの借地料は四百六十四文だったが、年年上がっていき、明治十一年には六町七反あまりのワサビ沢の借地料は一円だった。

村誌」では、天明の頃（1781～1788年）とひらきがある点である。板垣勘四郎は1686年生まれとされているため、天明の頃には百歳近くになっている計算になるため、本文書の年代は疑わしい。

二つ目は、③でも記載されていたように、天城の人々が勘四郎に感謝して明治十二年までの間贈り物をしていた、と記載されている点である。このことからも、勘四郎が、その後の伊豆のワサビ栽培において、重要な役割を果たしたことは間違いなさそうである。

三つ目は、天城山中にも野生のワサビが自生していたが、板垣勘四郎はそれを知らなかった、と明記されている点である。この点は、現代の品種のルーツをさぐるうえで重要な点なので、後で詳しく考察する。

次に紹介する『温古史《おんこし》』でも天城山のワサビ栽培が発祥するに至った背景が記載されている。

⑤『温古史』(47)　1873（明治六）～1905年（明治三十八年頃）

天城山*　山葵栽培起因

温古史
旧上狩野村門野原の石渡延美が、1873（明治六）年～1905年（明治三十五年）頃に史料をもとにまとめた郷土の歴史書。

この文献について、伊豆市教育部社会教育課中村伸吾様よりご助言をいただいた。この場をお借りして御礼申し上げる。

湯ヶ島村現今板垣亀十ノ先、勘四郎ト云ヘル者、駿河国安倍郡有東木村望月三右衛門方ヨり山葵苗持来り、天城山狩野口字岩尾地蔵からむと云処へ植付候由、同家之申伝二候也
此勘四郎寛政年中、天城山狩野口御林官相勤候、書類若干今亀十方二有之也
右は碑のミ二而ハ不刺然二付、明治廿八年一月中、板垣亀十安倍郡有東木望月氏へ罷出尋問候処、左之通り申出候
伊豆国田方郡湯ヶ島村勘四郎君を古代明和年間に雇入、椎茸作方伝習受たる趣、其与同年代当村三右衛門山葵栽培法伝習いたし、勘四郎君栽培方習得之上山葵苗譲り渡し貴国到タル趣、古老之申伝二候也
駿河国安倍郡大川原村字有東木
明治廿八年一三十一日
同村立会
望月三右衛門
前原清左衛門
伊豆の国田方郡湯ヶ島

＊天城山ワサビ栽培の起因
湯ヶ島村の板垣亀十の先祖、勘四郎という人が、駿河国安倍郡有東木村の望月三右衛門のところからワサビ苗を持ってきて天城山狩野口字岩尾地蔵伽藍に植えた、と板垣家に伝わっている。

この勘四郎は、寛政年間に天城山狩野口の林官を務めており、そのころの書類が亀十方に残っている。

以上のことは碑文だけではっきりしないので、明治二十八年一月に板垣亀十が安倍郡有東木の望月氏に尋ねたところ、次のようだった。

伊豆国田方郡湯ヶ島村の勘四郎を明和年間に雇い入れ、シイタケの栽培法を教わった。このころ、この村の三右衛門がワサビの栽培法を伝え、勘四郎はこれを習得してワサビ苗を譲り受け、伊豆に持ち帰った、と古老は伝えている。

（署名等略）

立会
板垣亀十㊼

　ここには「駿河国安倍郡有東木村望月三右衛門方ヨリ山葵苗持来リ」とあることから、①には記載されていなかったものの、伝承ではワサビの苗は有東木村から入手したという説が有力のようである。
　また⑤によると、板垣勘四郎は、天城山守に任ぜられ、後の明和年間（1764〜1771年）にシイタケ栽培の師として有東木に派遣された。駿河国安倍郡有東木村望月三右衛門よりワサビの栽培方法を伝授され、ワサビの苗も譲り受け、その後天城で栽培が始まった、とある。前述の資料より年代の開きがある。1764年というと、勘四郎は七十八歳であったと推定され、あまり現実的ではない。「寛政年中（1789〜1801年）、天城山狩野口御林官相勤候」の表記も、②とは矛盾することから、本文書は年代に関しては正確さに欠けるのかもしれない。

　以上の記録から、伊豆のワサビ栽培に関しては、次の事柄と年代は、信頼性が高そうだといえるだろう。

・勘四郎生誕　1686年
・斎藤喜六郎により湯ヶ島口山守を命じられる　1737年
・代官の命により椎茸栽培の師として有東木村に派遣　1744年
・板垣家へ年金を贈る[*]　1785〜1872年

その後、湯ヶ島では、御林内岩尾・滑沢に幕府の許可を得て享和年間（1801〜1804年）の植え付けが行われ、享和二（1802）年にはワサビを年貢として納めはじめたことが、年貢割付状に「山葵冥加永二百五十文」に記されていることからわかる。[41] こうした記録から、天領地であったために許可が必要であったものの、幕府から認められるよりも前から試作は始まっていたのだろうと推察される。そう考えると、やはり、とくに湯ヶ島でのわさび栽培の開始にあたっては、板垣勘四郎の功績は甚大であったのだろうと考えられる。

＊若干の金子を年に二度ずつ渡していたという。（『静岡県史』による）

有東木より早い産地が？

ところが、伊豆半島では、これよりもっと前にワサビの栽培は始まっていたという説も残されている。板垣勘四郎が持ち込んだワサビではなく、中伊豆町（旧上大見村）の方が早いというのである。[48] 大見町では、享保年間にはすでに「わさび田が流出した」ことや、宝暦年間（1751〜1763年）にはワサビが大見の特産品として出荷されていた、などという記録*が残されているという。[41]

その最大の根拠とされているのが、太田杏村の「神田青物市場の沿革[49]」における以下の記述である。

神田市場…（中略）…営業せしは…（中略）…貞享三年四月なり又徳川家の御用を御付けられしは正徳四年二月なり享保十年には…（中略）…ウド、山葵…（中略）…の品を専売する」。「幕府御膳所」「買い上げ品の中産地の定めあるうものは左のごとし、…（中略）…ワサビは伊豆地蔵堂最寄[49]」

「幕府御買い上げの山葵は伊豆地蔵堂最寄」という記述がある。これらの年代が正確であれば、板垣勘四郎が天城ワサビ栽培を始めたとされる1744年よりも早い段階（1725年）ですでにワサビが伊豆から出荷されていたことになり、伊豆ワサビの発祥は旧大見町ということになる。出荷されていた伊豆地蔵堂最寄のワサビはというと、『増訂 豆州志稿』[45]には「従来天城山中に自生のものあり」との記載があることや、『中伊豆町山葵組合百年』[48]が引用している「中伊豆町の史話と伝承」では、「天城山系の湧水箇所では古くから原産品種を地苗と称し、……優良品種が産出された」とあることから、天城でワサビ栽培が開始した時点では「地（＝天城の自生）」のワサビを使っていたことになる。ただし、大見口での本格的な栽培は、狩野口（湯ヶ島を含む）よりやや遅れて、文化四年（御林内における沢拝借願い許可）に始まったことがわかっている。[41]

DNAで解明を目指す

このように、伊豆半島における栽培の開始が大見口であったのか、狩野口であったのかについては、意見が分かれるところである。私自身は、これまでの調査から、次のような見解を得ている。

伊豆半島では、18世紀にはすでに自生（野生とは限らない）ワサビの栽培が小規模に大見口で行われていた。板垣勘四郎は栽培技術を有東木で学び、持ち帰った有東木のワサビの栽培を開始した。その後栽培に成功し、天領地で多くの人々が栽培するようになる。

1805（文化五）年の「田方郡湯ヶ島村山葵衆家数合改帳」には、「山葵仲間百七拾五軒」の記載があり、この年代にはすでに百七十五軒ものワサビ栽培仲間が存在していたことがわかる。栽培起源地がどちらであるにせよ、こうして規模を拡大し、急激に増えた需要を満たす供給が可能になったことは、伊豆のワサビが江戸の食文化に大きな影響を与えたという事実には変わりがない。

とはいえ、現在の栽培品種が、どこの系統の血を受け継いでいるのか、という点を検証することは非常に重要である。もしも、伊豆の二か所で栽培が始まっていたとすると、二か所の栽培開始候補地では、「天城自生」と「有東木栽培」の二系統がそれぞれ用いられていたと考えられる。もしも、これら二系統の血が残されているならば、栽培品種にも二系統が存在してもよいはずである。ところが、当研究室でDNAを分析した結果、母系では「だるま系」とよばれる一系統しか残されていなかった。もともとの野生系統の二種類（天城系統と有東木系統）が現存するなら、私たちの分析方法を使えば、系統を分ける多型が発見できそうなものである。一系統しか残されていないということは、「有東木」系統を指すと考えてよいだろう。「天城自生」系統は、存在していたのかもしれないが、「有東木」系統を全て置き換えたとは考えにくいからだ。伊豆半島では野生と思われる集団は発見できていない。伊豆半島のワサビを網羅的に調べた訳ではないので確実なことはいえないが、仮に天城の自生ワサビがこの時に小規模ながら栽培されていたとしても、一定期間、湧水で根茎を太らせるという栽培化を経て立派になった有東木のワサビが伊豆半島に持ち込まれれば、人々は、より立派な系統を栽培するようになるのは自然の流れであっただろう。苗と技術をともに持ち込み、成功に導いた板垣勘四郎の貢献度の高さに、疑う余地はないのである。

以上のことから、伊豆で大規模に栽培されたワサビは、有東木由来の系統であり、現代の重要な育種母本として残されている可能性が高い。私は、有東木のワサビは山梨県側――甲斐の国からもたらされたのではないかという仮説をたてている。本件については是非、ＤＮＡ

分析で謎の解明をすすめたい。栽培植物起源学の究極のテーマともいえるのである。

門外不出の有東木ワサビはなぜ流出した？

さてここからは、乏しい資料のなかでの仮説となる。単なる妄想ではないかとお叱りを受ける覚悟で、紹介したい。

前述したとおり、家康が山葵を気に入り、門外不出の御法度品とした、という話はあまりにも有名であるため、板垣勘四郎が伊豆へ持ち帰ったとされる話に関連して、さまざまな説が語られてきた。たとえば、望月家の娘が勘四郎に恋をして、帰る間際にこっそり弁当にワサビを詰めて渡したというロマンティックなものから、勘四郎が盗んだという説まで幅広い。前者は、勘四郎はこの時すでに壮年期をとっくに過ぎていたと考えられるため現実的とはいえないが、多くの人を引き付けるストーリーのようで、前述した『天城の山の物語』[44]でも恋物

調べてみたら、板垣勘四郎が有東木のワサビを手に入れたエピソードがドラマ化されていた。「水戸黄門」第三部の第五話「掟を破った黄門さま・駿河」（1971年放送）である。あらすじによると、掟を破ってワサビを持ち出したのは、なんと、東野英治郎演じる黄門様となっている。

板垣勘四郎が有東木へ赴いたとされる頃、水戸光圀（1628〜1701年）はすでに没しているので、その点はご愛敬。ぜひ観てみたい。

語として情緒的に描かれている。

「門外不出」であったかどうかに関しては、「謎の弐」でも述べたように、文書による記録は発見できていない。ただ、地元の掟として持ち出し禁止であったことは、『天城の史話と伝説』[20]にも描写があり、容易には持ち出すことはできなかったであろうことは想像に難くない。

ではなぜ勘四郎はワサビを入手することができたのだろうか。

武田家の残り香

詳しく調べを進めるなかで、興味深い発見があった。前述したとおり、ワサビ栽培の発祥は有東木の人々であり、ルーツをたどると武田一族につながる可能性がある。実は、板垣家もまた望月家と同様に、武田家の御親族衆*のうちの一つである可能性があることがわかった。なんと、ワサビ栽培の発祥において、最重要ともいえる人物たちが皆武田家ゆかりの家柄かもしれないのである。

有東木と伊豆の間は百キロ以上の距離があるものの、二つを結びつける重要な共通項がある。それは、金山（梅ヶ島と土肥、縄地金山）の存在である。

鉱山は全国に広く分布しており、その歴史も奈良時代までさかのぼることができる。なかでも戦国時代は、日本の鉱山の歴史上最大の転換、発展期となった。戦国大名が資金調達のために競い合って領内の鉱山開発を進めたためである。採鉱技術も発達し、砂金掘りから金鉱脈の坑道掘りが主流となったのも、この頃と考えられている。[50] とくに、甲斐（武田領）・駿河（今川領→武田領）の金山は、坑道掘りと金鉱製錬の高い技術を持ち、甲斐の国の黒川には「金山衆」とよばれる技術者集団がいて、領主よりさまざまな特権が与えられたことがわかっている。黒川金山衆は、武田氏滅亡後諸国をめぐり、伊豆や秩父の鉱山開発に貢献したとされている。[50] さらに、金山というキーワードから、甲斐の国と伊豆をつなぐ重要人物の存在が浮上した。1606年に伊豆奉行に任命され、各地の金山の統括した大久保《おおくぼ》長安《ながやす》（1545〜1613年）である。大久保長安は父親が武田信玄の猿楽師であったことをきっかけに家臣として取り立てられ、武田家の領土における金山開発などにたずさわった「武田家ゆかりの人物」である。武田家が滅びた後も、徳川家康の家臣として大久保姓を与えられ点大出世を成し遂げた。土肥金山は天正年間に開発され、長安による管理のもと多くの金銀が採

公費の不正流用事件である大久保長安事件は有名。長安の死後、不正が告発され子ども達七名は処刑、御家断絶となった。里程標の一里＝三十六町、一町＝六〇間、一間＝六尺を整えたのはこの人。

掘され、栄えたものの、1690（元禄三）年に休山となる。しかしその後も、

貞享二年、綱吉財政の窮乏を救はむとして、復本州の鉱山を開く
『増訂豆州志稿』[45]

1684〜1711年には、伊豆半島各地の金銀山で再試掘が試みられており、安永、文政の頃にも試掘延期願の提出が出されるなど、しばらくの間、伊豆半島では金山開発の関係者の影響力は持続していたと考えられるのである。[51]

一方、当初から疑問に感じていたことがあった。それは、板垣勘四郎は父親（伝右衛門）が農民という身分でありながら、なぜ山守という重要な仕事に任命されたのか、という点だ。この疑問も、板垣家が武田家と関係のあるある由緒正しい家柄であったと知った時に腑に落ちた。確かに勤勉だったことも起因しているからかもしれないが、金山関係者の影響が未だ色濃くのこされていたとすれば、血筋も重要な要素としてはたらいたのではないかと想像するのである。

板垣が有東木に赴いたことは、それ自体は偶然かもしれない。あくまでも推測にすぎないが、有東木で望月家と出会い、ともに御親族衆筋であるという情報を確認し合ったなら、お互いに運命のようなものを感じずにはいられなかったのではないだろうか。『天城の山の物語』[44]でも、最終的に門外不出のワサビを勘四郎に譲渡したのは、お互いのルーツを確認しあったからだ、というくだりがある。私は本書を読む前に、この偶然と思えない一致に気が付いていたので、同じような結論に至った人がいたことに驚いた。

真相はわからない。そもそも勘四郎は有東木からワサビを持ち帰ったのかも、持ち帰ったとしても、なぜワサビを入手できたのかについても謎のままである。しかしながら、伊豆に残されていた武田衆の影響力と、引き合うように出会った可能性がある有東木の望月家。どのようなやりとりがあったのかはわからないが、両者がワサビの世界に多大なる影響を与えたことはゆるぎない事実なのである。

ワサビ栽培に際しては、想像を超える苦労があっただろう。水量が豊富ということは、治水工事がままならなかった時代には、大水による被害は深刻であったと想像できる。並々ならぬ努力により、静岡県では大々的にワサビが栽培されるようになった。時代は徳川治世が安定期に入っていた。その後、江戸の食文化が花開き、ワサビが重宝され始めてから、大消費地に供給するだけの生産量が維持できたのは、江戸に近く輸送手段で地の利をもつ伊豆半島で大規模な栽培がすでに始まっていたからに他ならない。このタイミングで伊豆におけるワサビ栽培を成功させるための礎を築いたともいえる勘四郎の貢献度は、伊豆のワサビ栽培だけにとどまらず、江戸の食文化に急速に浸透することができたという点で、計り知れないのである。こうした勘四郎の功績の裏に、数奇な運命の物語が存在しているかもしれないということは、たとえ妄想にすぎないとわかってはいても胸が熱くなる。

甲斐の国の人々は他にもいくつもの発明をしていることはご存知だろうか。

各地で名産とよばれる産物のうち、実は甲斐の国の人々による発明であったとされるものがいくつかある。一つは「盛岡の南部鉄器」でもう一つは「大和郡山の金魚」である。南部鉄器は、南部盛岡藩の南部氏の名前に由来している。そしてこの南部氏の本領が甲斐の国（現

盛岡城内には、南部氏を祀る櫻山神社がある。南部家の家紋「南部鶴」と武田家の「武田菱紋」の両方が入っている扁額が神門に掲げられているという。是非一度見てみたい。

在の山梨県南巨摩郡南部町）であり、南部氏のルーツは甲斐の国となる。大和郡山市における金魚養殖は、1724年に柳澤吉里侯が甲斐国（山梨県）から大和郡山へ入部した時からとされ、大和郡山市のホームページでも紹介されている。また、日本最古の品種として知られる甲州ブドウの大規模栽培の定着につながった「ぶどう棚」も甲斐の国の発明である。

織田信長を最後まで苦しめ、生きていたら歴史が大きく変わっていたとまでされた、偉大な名将武田信玄の死から、悲運の重なりにより最後の武田家当主となった勝頼の武田家滅亡までの悲劇は、日本人の胸を打つエピソードである。

ワサビの起源が武田家とどこまでつながるかは、今後の研究次第である。しかし、調べれば調べるほど、ロマンを感じずにはいられない。日本で最初に開発されたワサビの水耕栽培が、上に記した産物と同じく甲斐の国の人によるものだったかどうかは、文書による記録は残されていない。しかし、今後DNA分析をすすめ、どの地域の野生種が栽培化されたのかが判明すれば、解明に近づけるかもしれない。

ただ一つ残念なのは、山梨県は全国的にみても、ワサビ調査が困難

株式会社アースワークスの代表取締役 岩本弘毅氏には、調査で大変お世話になった。この場をお借りして御礼を申し上げる。

な土地であるという点である。他の地方と同じくシカによる食害が甚大であることに加え、1980年以降に急増した河川工作物（砂防ダムなど）により、河川域の生物に深刻な影響が出ている可能性が指摘されている。私も何度か山に入り、ワサビの自生地が危機的な状況に陥っている現場を目の当たりにしてきた。あと10年早く調査していればと悔やまれる。信玄が築き上げた治水工事の技術を、ぜひ自然環境との共存のなかで生かしていただきたいと願うばかりである。

謎の捌

神宿る山にもう一つの栽培起源地が？

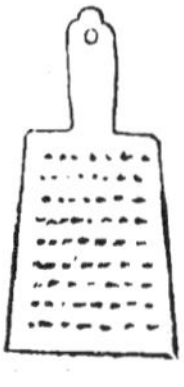

薬として栽培していたと考えられる!

実はもう一か所、有東木に匹敵するかもしれないほどの古い栽培の歴史をもつ可能性がある地域が存在する。それは、古くから山岳信仰の聖地として知られる白山麓の手取川*水系域である。石川県の加賀地方では、手取川源流域を漠然と「白山麓」とよぶらしい[52]。

白山は、石川県だけでなく、富山県、福井県、岐阜県にまたがる両白山地の中央に位置しており、富士山、立山とともに日本三霊山の一つとされている。山そのものがご神体である白山信仰の対象となり、古くから親しまれてきた。白山は石川県の手取川水系、富山県の庄川水系の分水嶺であり、福井県の九頭竜川、岐阜県の長良川の水源にもなっている。この豊かな水こそ、信仰の対象とされ、水や農耕の神様として仰がれてきたという。

石川県に古い歴史をもつワサビが存在することは、おそらく一般にはほとんど知られていないだろう。ところがこの地方では、今でも日本で最もワサビ栽培が古い地域であると信じられている。

白山ワサビとの出会いは、大学院時代の後輩である冨*吉清之氏の紹

*手取川は白山を水源とし、主に白山市を流れる一級河川。

*冨吉満之氏は、現在は久留米大学経済学部文化経済学科准教授。著書に『伝統野菜の今─地域の取り組み、地理的表示の保護と遺伝資源』(清水弘文堂書房)がある。

介から始まった。彼を通じて知り合った松風産業の風一《かぜはじめ》さんから送られてきた白山のワサビを初めて見た時は、あまりにも立派な根茎を見て、正直なところ「きっと静岡県由来の栽培品種だろう」と直感的に思った。要するに、誰かが昔、静岡県由来の栽培品種を植えたのだろう、と。「根茎の肥大具合」は、栽培と野生を見分ける唯一といってもよい形態的特徴である。どんな山奥に生えていても、真の野生種ならば、これほどまで根茎は肥大しない。

DNA鑑定をした結果は、予想に反していた。栽培品種とは似ても似つかないDNAのタイプをもっていたのである。福井県の野生種とは似た配列を持っていたので、地のワサビ（＝どこかから持ち込まれたものではない）であることが判明した。

私の研究室では、野生または在来（野生株を移植し栽培環境に慣らしたもの）と、これら三品種を区別するDNAマーカーを開発し、論文として公開している。① このDNAマーカーによると、現在品種として利用されているワサビは大きく分けて三種類ある。

だるま系、島根3号系、そして、真妻系

である。

現在市場で出回っているワサビは、必ずこの三つのうちの一つに当てはまる。これまで、例外を見たことがない。このような状況で、根茎がこれだけ肥大しながら、三大品種のどれにも当てはまらないワサビがまだの世の中には存在するのだという事実に、私はたいへん驚いた。白山ワサビが、全国的にもたいへん貴重なワサビであることが判明した瞬間だった。

そもそもこの地には、昔から野生のワサビが自生していたようである。江戸前期以前の栽培に関してはほとんど資料は残されていないものの、江戸後期以降の白山麓のワサビの歴史については、民族学者である橘礼吉の『白山奥山人の民族誌』[52]に詳しく書かれている。この資料には、「白山麓のワサビについての文書初見は『慶応二年（1866年）正月白山麓村々産業始末書上帳』」とある。これにはこの地の産物が記録され、「山葵百七十貫」とあるのは、天領地下十七か村中牛首（白峰）だけだという。かなり奥山の民だけがワサビを作っていたのだろう、と記している。

もろもろの記録から、白山白峰のワサビは江戸時代末期にはすでに産地として認識され、年間五百～六百貫（一貫は四キロ弱）を消費地に出荷していたことがわかっている。橘によると、出荷していたのは、白山麓の冷たい水に適応した「在来品種」だろうとある。まさにこれが、現在でも地元の人々が認識する「モチワサビ」だったのではないだろうか。『白山奥山人の民族誌』[52]にはさらに、以下の記述がある。

明治三十九年の登山家太平晟が日本山岳会会報『山岳』で、「市瀬郊外、三穹橋より柳谷を遡れば、渓間山葵を産するより『ワサビ谷』の称あり、（中略）本谷は天城山と共に山葵の良質を以て著はる」と記録しており、全国各地の山々を又にかけてきた太平が、「天城と共に」と表現していることは注目に値する。[52]

こうした記述から、この時点で約三百年間の栽培実績がある静岡の品種と同じくらいの品質のワサビが、この地に生育していたことがわかる。根茎の肥大具合からしても、最近選抜されたとは考えにくく、相応の時間をかけて、現在の形状に進化したとしか考えられない。残念ながら、奥山人は文書記録を残してこなかったため、ワサビ栽培の記録は江戸後期以降しか発見できなかった。足立昭三著『ワサビ栽培[53]』によると、栽培開始は「有東木とほぼ同じ時期」とあるが、なぜこのような古い年代が白山ワサビの説明として記載されていたのかについては、確認することができなかった。直接的な文書等の記録を見つけることは困難かもしれないが、ヒントになりそうな資料を見つけた。「白山遊覧図記」である。

これは、江戸時代の儒学者金子《かねこ》（有斐《ありあきら》）鶴村《かくそん》二十七歳時の登山記で、1785年に尾添《おぞう》村を出発して市《いち》ノ瀬《せ》村に降りるまでの記録である。この記録は登山経路や風景を描きながら記した、現存する書物のなかで最も古い登山記録として、日本全体を見渡しても非常に貴重な資料である。

行程の一部を抜粋すると、「—武那樹憩場—山葵谷—美女坂—」とあり、確かに「山葵谷」の記載がある。漢文で書かれた本文中には「谷中多山葵故有今名成」とあり、かつてワサビがたくさん生えていたので「山葵谷」と名付けられたようだ。

金子は、「白嶽図解」（1824年）でも、山麓民の様子を記している。前述の山葵谷に近い尾添村の村人の生業について、

夏*は農業を勤して村より五里六里奥に仮小屋をしつらいて、家内の男女不残其小屋に住居して耕作をなす。山は力次第に墾きて年貢を不出。わずかなる山銭を出すのみ也。此を出作と云。四月五月の中蚕を養て多く糸を取る。尾添村の貧しくて農業をなしがたき物は薬草を取事を業とする也。又春末雪内には熊を取てあきなふ物あり。

としている。尾添では、養蚕、狩猟、薬草採取等の稼ぎを複合させて生計をたてていた実態がよくわかる。

さらに『白山奥山人の民族誌[52]』には、

尾添から消費地金沢までの距離が白峰より近かったのが一因かもしれない。加賀藩前田家の城下金沢には、中屋、福久屋、宮竹屋などの著名薬種商が調合薬を作り、各地に流通さ

＊夏は農業を行う。村から五、六里入ったところに仮小屋を作り、男女残らずここに住んで耕作する。山をできる限り開墾するが、年貢は出さず、わずかな「山銭」を出すだけである。これを「出作」という。四、五月中は蚕を飼って糸を多く取る。尾添村では、貧しく農業ができない者は薬草を採集している。春の終わり、雪のあるうちはクマを獲って売る者もいる。

せていた。[52]

とある。確かに、地図でみても白峰から金沢市内へは一本の道でつながっており、昔から重要な流通経路であったという。これらのことから、①白山麓が野生ワサビの自生地であったこと、②白山麓では古くから山菜採取（が栽培に転じた）が生業とされていたこと、③栽培されたワサビが金沢方面に流通していた可能性があること、④この地方ではワサビが薬として利用されていた可能性があること、がみえてきた。事実であれば、かつて金沢方面でワサビが薬として利用されていた記録が残されているのではないかと思い、調べてみた。その結果、創業1579年の薬種商である中屋彦十郎薬舗*のホームページ[54]に、ワサビの説明として次の記載を発見したのである。

> 江戸時代には瘧（おこり）＝熱性マラリア病に利用された。
> 或いはワサビの根をすりおろし、薄く布にのばして神経痛やリウマチに貼ると痛みや腫れにいいことはよく知られていた。[54]

＊「中屋薬舗」の建物は現在、金沢老舗記念館として一般公開されている。1987年、金沢市が寄付を受け、文化財的に価値のある外観を保存し、藩政時代の商家の面影を残す「店の間」などを復元するとともに、伝統的町民文化の展示施設として1998年4月1日に開館した。

公開されている「中屋薬舗」の建物

推察どおり、少なくとも江戸時代にワサビは、確かにこのあたりで塗り薬として用いられていたらしい。これには興奮した。さっそく十六代目の方に早速電話で話を聞くことにした。私が知る限りではワサビを塗り薬として用いる地域はこの地方だけだ、と話すと驚かれていたものの、やはり中屋薬舗では白山の薬草が販売されていた事実があったという。残念ながらワサビの文書記録は見つからなかったものの、自らの目で歴史ある薬種商の佇まいを確認し、ワサビ利用の歴史の古さを実感することができた。白山の奥山人は生業としてワサビの栽培を始め、ここで収入を得ていたに違いない。調べを続けるうちに、さらにこのことを裏付けるような大変おもしろい発見をしたので、「謎の玖」で紹介しよう。

謎の玖

誰も知らない「かちかち山」とは？

そして狸のやけどは
ワサビにより治癒した！

石川県の「かちかち山」

白山ワサビは、遺伝資源としても貴重なうえに、民俗学的にもおもしろい。

私はこれまで、民話やことわざ、昔話の類を調べ、ワサビが登場するシーンを集めてきた。すると、日本人にとって親しみ深いはずのワサビは、方言の種類は多くなく、民話やことわざでの登場回数も、他の植物に比べて著しく少ないことがわかってきたのである。『日本昔話通観』[55]によると、ワサビが登場する昔話は四話のみである。「わらび」が五十四話に登場することからも、ワサビを扱った昔話がいかに珍しいかがわかるだろう。四話の地域別の内訳は、岩手県（二話）と兵庫県と石川県各一話であった。このうちの石川県に伝わる昔話に、今回紹介する白山ワサビが登場する。

石川県江沼郡山中町（旧西谷村）

　翁がなすびの種を買って育てると、夜は大きいのがなり、昼は小さいのがなる。ふしぎに思った翁がわなをかけると狸がかかる。狸を天井に吊っておくと、狸は婆に「米を搗くのを手伝ってやる」とだまして縄をとかせ、婆の頭をついて殺す。狸が婆に化けて婆汁を翁に食べさせ、あとで縁の下から婆の骨を出してみせて逃げる。翁が泣いていると、白兎が来てわけを聞き、「敵討ちをしてやる」と言う。兎が焚き物をしに狸を連れ出し、「ぼうぼう山だ」とごまかして焚き物に火をつけると、狸の背中は赤むけになる。兎が医者になってわさびとなんば（唐がらし）を付けると、傷はうずくが全快する。兎はつぎに狸を船遊びに連れ出し、自分は板の船に乗り、狸を泥の船に乗せると、波が荒くなり、泥の船は崩れて狸は沈んでしまった。[55]

この話が「かちかち山」だということは、容易に想像できるだろう。

「かちかち山」は、口承話の絵本化のなかでは比較的早く、江戸中期に絵本化された部類に入るらしい。前半の婆を殺す場面と後半の狸を討ち果たす場面はもともと別々の話であったものが統一されて伝わったとされている。

兎の薬は？

「かちかち山」は、大筋は変わらないものの、時代背景を反映しながら描写にバリエーションがある。[56] 兎は、狸をこらしめるためにあの手この手で復讐を試み、やけどを負わせた後、薬を塗るという行為が描かれるのが一般的だろう。何を背中に塗ったのかを気にする人はほとんどいないと思われるが、石川県の昔話では、まさにこの塗り薬にワサビが用いられていた。ひょっとすると私が知らなかっただけで、背中にワサビが塗られるエピソードは実は珍しくないの

1941年オトギ堂発行の「かちかち山」

かもしれない。そこで、これまでに絵本化された「かちかち山」を可能な限り入手し、約二十種類についてまとめてみた（表）。

タイトル	著者	出版	出版年	塗ったもの	どうなったか①	どうなったか②
「兎大手柄　赤本」			江戸	蓼		
「かちかち山」〈勝々山〉			江戸	唐辛子味噌		
「カチカチヤマ」						
日本児童文学館〈8〉カチカチ山と花咲爺―名著複刻	武者小路実篤	ほるぷ出版	1917			
（1971復刻？）	からし					
子供が良くなる 講談社の絵本 かちかち山		講談社	1938	ミソニタウカラシヲスリコンデ	ダイブヨクナッタ	治った？
かちかち山		オトギ堂	1941	カラシ		
「かちかち山」〈むかしむかし絵本〉				とうがらしみそ		
すねこ・たんぱこ	平野直	有光社	1944	竹串こ？	妙薬どころかどんでもない目にあった	治らない
日本のむかし話 2年生	柳田国男 監修		1955	（フジづるで、しりからげ）		
こぶとり爺さん・かちかち山ー日本の昔ばなし（I）	関敬吾	岩波書店	1956	たで味噌	塩気がだんだん傷へしみこんで、痛くてたまらなくなってきた泣く泣く川端へおりて行って、体を洗って：うんうん呻りながら山を越えていくと：〃	治らない

かちかち山「ひろすけ幼年童話文学全集」第十一巻より	浜田広介	集英社	1962	からいからいとうがらし、それをみそとぬりあわせ	だんだんになおってきました	治った
日本昔話えほん全集6 かちかち山		ひかりのくに株		とうがらしをねってこうやくをつくると	やがて、たぬきのやけどがなおったので	治った
むかしばなし 日本名作童話集	橋爪希代子	ゆまにて出版	1975	ぬりぐすりなし		
講談社の絵本 かちかち山	福田清人　文 若葉　珪　絵	講談社	1978	とうがらしみそ	いくぶんよくなった	治った？
名作アニメ絵本シリーズ⑯ かちかち山		永岡書店	1990	からしみそ	よけいにぐあいがわるくなってしまいました	
かちかち山 とうふのびょうき v ほか	松谷みよ子 ぶん 野村俊夫　絵	講談社	1998	とうがらしいりのみそ	ころがりまわってよたよたあるいて	治らない
日本昔ばなし 1 かちかち山		永岡書店	1999	とうがらしをまぜたみそ	やっとやけどがなおった	治った？
かちかち山 いまむかし絵本	広松由希子 文あべ弘士 え	岩崎書店	2010	たでのしる		治らない
かちかち山 語りつぎたい日本の昔話・4より	小澤　俊夫	小峰書店	2011	（藤づるでまじない）		
はじめての世界名作えほん7 かちかち山		ポプラ社	2018	とうがらしみそ		治らない

1941年にオトギ堂から発行された「かちかち山」（当時の販売価格は三十銭）には、写真のとおり、やけどをしたタヌキの背中には、「クスリニハ　カラシ　ガイレテアリマシタカラ、マスマスイタミダシマシタ。」と描かれている。

ほかにタヌキの背中に塗る薬としては、カラシ、タデ、トウガラシ味噌などがみられたが、ワサビは一つも確認できなかった。どうやら石川県限定の取り扱われ方だとみてよさそうである。

塗り薬に適した白山ワサビ

実は、興味深い点は他にもある。石川県の昔話では、ワサビを塗ったあと「傷はうずくが全快する」と、一旦傷を治しているのだ。その後、通常どおり泥船で沈めている描写から考えると、どうしても「とってつけた」エピソードに感じてしまう。なぜこのような展開が描かれているのか。「ワサビをやけどに塗れば治る」、つまり、ワサビはやけどに効く薬なのだ、という点が強調されているように思えるのである。このようにワサビが用いられている昔話が石川県加賀地方で伝わっている、という点は特筆すべきだと考えている。奥山人が薬として山野草を金沢に持ち込んでいたという記録や、金沢の薬屋がワサビを塗り薬として売っていた記録など、この地域がワサビを薬として利用する文化があった[52]からこそ、描かれたシーンだったとしか思えないのである。

さらにもう一つ、特筆すべき点がある。それは、白山ワサビのある特徴が、「塗り薬」に向いていたのではないか、という点である。「かちかち山」で用いられていた背中の塗り薬の食材を思い出して欲しい、「カラシ」、「タデ」、「トウガラシ味噌」……。なぜトウガラシだけ味噌なのだろうか。トウガラシは、塗り薬には不向きな「粘りがない」という性質があるからだ。味噌に混ぜて塗りやすいように粘りを加えた。ワサビはどうだろう。生のワサビをすりおろした経験がある人ならわかるかもしれないが、粘りの少ないワサビもあれば、粘りが強いものもある。粘りの極端に少ないワサビになると、まるでショウガをすりおろしたようになり、塗り薬には不向きだ。ところが白山のワサビは、この粘りがとにかくすごい。実はこの白山の在来ワサビは通称「モチワサビ」とよばれ、その名のとおりまるでナガイモのような粘りがある。写真をみて欲しい。茎からねばねばした成分が出て

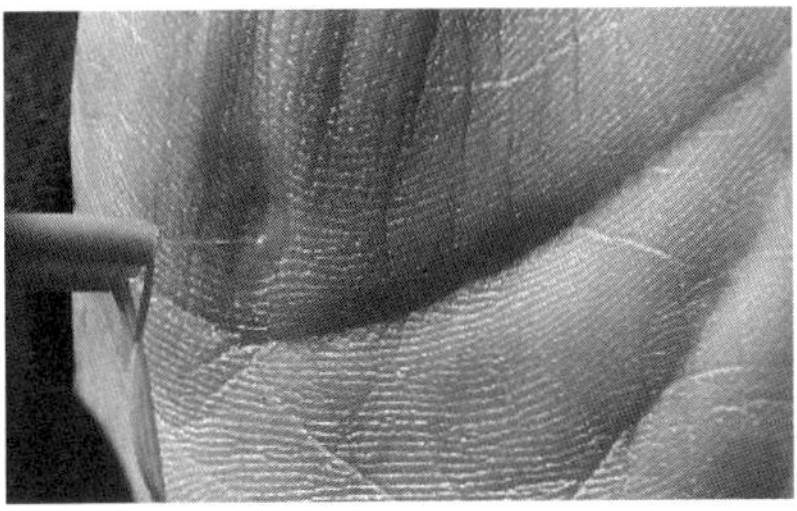

モチワサビの粘り

いるのがわかるだろう。

私はこれまで全国各地のワサビを食べ歩いてきた。そのなかでも、石川県の在来ワサビの個性は際立っている。モチワサビの特徴は、粘りだけでなく、突出した香りの強さもある。「粘り」「香り」に関しては、ナンバーワンだと秘かに思っている。

話を戻す。この「粘る」という性質は、まさに塗り薬にぴったりである。「かちかち山」の話のなかに塗り薬としてのワサビを発見した時、モチワサビのねばねばと塗り薬が瞬時に頭のなかでつながった。塗り薬として用いるなら、粘りがあった方がよい。そこで疑問に感じるのは、モチワサビの粘りは、野生集団に存在していたのか、それとも、栽培化により粘りがあるものが選抜されたことによるものなのか、という点だ。現時点では、どちらが真実かはわからない。この点に関しては、白山ワサビの集団遺伝学的な解析をすれば、検証は可能だろう。

余談であるが、粘りが強すぎるため、この「モチワサビ」は蕎麦屋には嫌われるらしい。蕎麦のつゆにふわっと溶けてくれないからだという。もちろん利点もある。一般的な品種と辛さの持続時間を比べてみたところ、通常の品種に比べて、何倍もモチワサビの方が辛さが持続するように感じたのである。このもちもちの成分が、揮発性の辛味成分をキャッチして閉じ込める役割を果たしているのだろう。

この貴重な在来種を「地域特産物としていかしながら保全する」という新しい試みがはじまった。松風産業の風一さんや石川県による在来種保全プロジェクトの一環である。是非とも実現していただいて、一人でも多くの方々に、この個性豊かなワサビを味わって欲しいと思う。何より何百年という時を経てひっそりと受け継がれてきた財産である。これからも応援したい。

私は個人的にも白山が大好きだ。遠くから眺めても美しく、登ってみても豊かで美しい、心ひかれる山である。白山の周辺各地には、白山信仰に由来する神社があちこちに存在する。どれだけ多くの人の心のよりどころになってきた山なのだろうと、これらの神社に出会うたびに思い知らされる。まさに水の神がうみだした圧倒的な個性をもつ「白山ワサビ」が、美しい自然とともに末永く受け継がれることを心から祈りたい。

謎の什

日本でワサビ食文化が定着したのはなぜ？

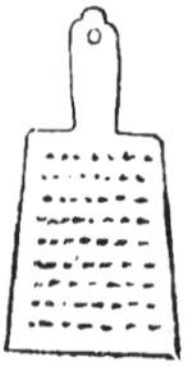

その起源は天武天皇!

ワサビととうがらし

日本と韓国は海を隔てながらも世界的にみれば隣国である。にもかかわらず、両国はそれぞれ独自の食文化をはぐくんできた。現代では韓国でも「すしにワサビ」は浸透していて、ワサビの存在は広く知られている。キムチ、チゲ、ビビンパなど、主に香辛料としてトウガラシが用いられた韓国料理も、すでに深く日本の食シーンに溶け込んでいる。近年文化的な交流はますますさかんになり、垣根はずいぶん低くなったように見える。そんななか、韓国人と日本人によるある研究結果に注目した。韓国人と日本人を対象にした、種種の香辛料に対する印象調査である。その結果、日本人の辛味嗜好性はワサビ嗜好性と、韓国人の辛味嗜好性はトウガラシ嗜好性と一致するデータが得られた。[57]

この結果が示すところは、韓国では辛い食べ物が好きな人はトウ

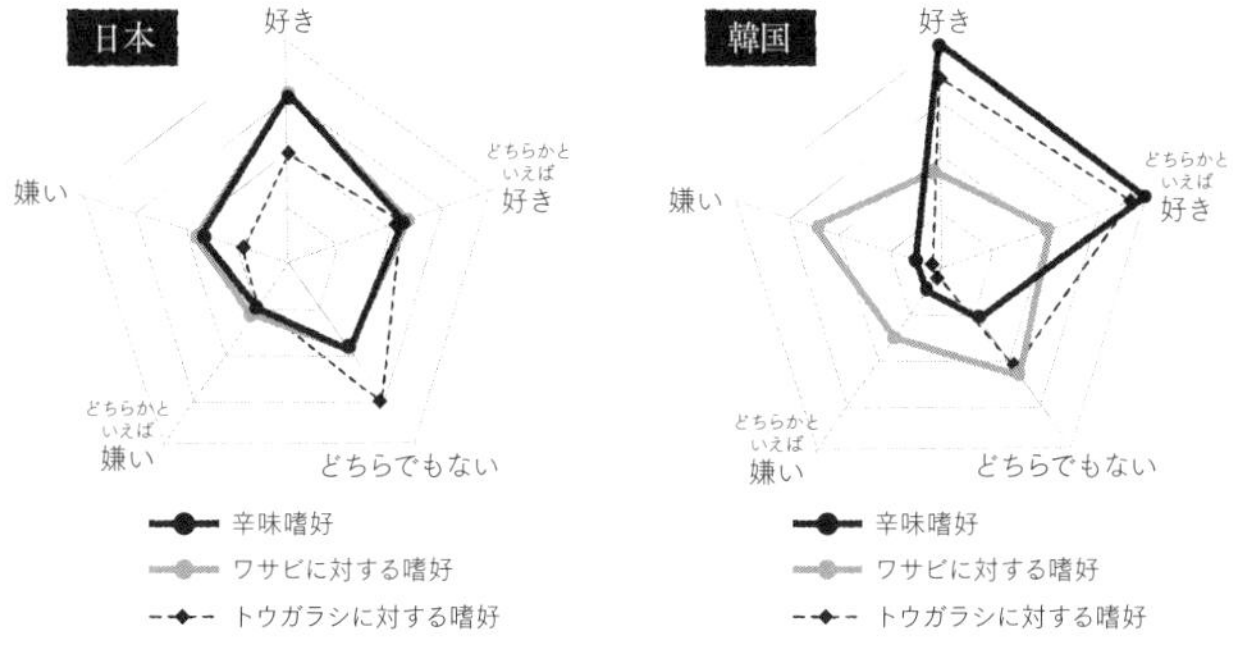

日本と韓国、辛味嗜好性のちがい（[57]を改変）

ガラシが好きな人が多く、日本では辛い食べ物が好きな人はワサビが好きな人が多い、という結論である。これは、表現を変えれば、身近な食材が「辛いものが好き（あるいは嫌い）」という「嗜好性」に影響を与えたのではないか、ということを示唆した結果といえる。逆の言い方をすれば、韓国人と日本人にとっては、より身近な辛い食材は、それぞれトウガラシとワサビであった、となる。

子供時代に出合う味の大切さ

もう少しわかりやすく説明する。そもそも、子供の頃は辛い食べ物は苦手なはずなのである。それが、経験により徐々に克服されてゆく。この時、「どんな辛い食べ物で辛さを克服し、逆に好きになっていった」のか、という点が、日本と韓国で違うのではないか、ということを明示したのが上記のグラフ、ということになる。

ところが、私たちの研究から、最近の高校生が「辛いもの」を好きになった背景に、ワサビではなく、トウガラシによる訓練の存在が浮かび上がってきた。[58] つまり、「辛いものは好き」で「トウガラシも好き」なのに、「ワサビだけが苦手」、という高校生の割合が顕著に多い結果が得られたのである。過去に同様の目的で行われた調査データが存在しないために、こうした若者が今後どうなるかを推察する術はないが、私は楽観視できないと考えている。この調査の結果がインターネット上で公開された時には、「どうせ大きくなったら自然にワサビも食べられるようになるだろう」「高校生に調査したところで、ワサビ離れと結論付けるのは早いだろう」という指摘を受けた。確かに、杞憂に終わってくれればよいのだが。

私が恐れているのは、ワサビの経験がなく苦手意識を持ち続けた若者が、挽回の機会を与えられないことである。ワサビ嫌いの若者がそのまま親になり、家庭でワサビを経験する機会を子供に与えないとしよう。その結果、その子供もワサビを克服する機会が与えられないまま大きくなる可能性がある。そうした「負の連鎖」を恐れているのである。実際に、高齢者に同様のアンケート調査を行ったところ、ワサビを嫌いとする人はほとんどいなかった。「すしにワサビ」、「刺身にワサビ」が避けられなかった世代だったからかもしれない。

香辛料の役割

香辛料の主たる用途は、獣肉の除臭、保存および防腐、暑中時の食欲減退防止などとされている。もともと日本は外国に比べて用いられる香辛料の種類は少ない。生物学者シャーマンらは、平均気温の高い国ほどより多くの香辛料が料理に用いていると主張している。[59] 彼らはまた、世界各地の香辛料利用について調べた経験から「気候帯が類似している日本と韓国の香辛料の用いられ方に顕著な違いがある点が非常に興味深い」としている。その理由として彼らは、日本の魚食文化（とくに生食文化）と韓国の肉食文化の違いに起因しているのだろう、と考察している。韓国食文化研究者である鄭によっても同様の考察がなされている。[60] 「日本においてなぜ、ワサビがこれほどまでに食文化に浸透してきたのか」について考えてみよう。

肉食禁忌の歴史的背景

獣肉を食べない文化

トウガラシは新大陸原産であり、もともと日本列島には存在していなかった。持ち込まれた時期については諸説あるが、室町後期に南蛮人が伝えたとの説がある。いずれにせよ、奈良や平安時代から用いられてきた植物の記録はたくさん残されているなかで、日本人がトウガラシを利用するようになったのは早くても室町以降であると考えられる。日本最古の本格的な料理書と言われる「料理物語」（1643年）にも、ワサビの記述はあるものの、トウガラシは全く登場しない。これに対してワサビは、学名である *Eutrema japonicum* が示すように日本固有種であり、日本原産の植物である。(1)(61) トウガラシとワサビでは、そもそも日本国内での歴史的な古さに違いがあることは間違いない。「謎の肆」でも述べたとおり、肥大した根茎をすりおろした薬味としての利用は江戸後期以降に一気に広がったことがわかっており、両者の広がりの違いは単純にトウガラシの導入時期がワサビよりも遅かったことによる、とはいえないだろう。

鄭大声は、『朝鮮食物誌』[60]の中で、「なぜトウガラシが朝鮮の食生活には深く広く取り入れられながら、日本の食生活にはさほど取り入れられなかったのだろうか」という疑問に関して、「日本料理では獣肉類を用いる料理が少なく、香辛料の使用が歴史的にも乏しかったためからだろう」としており、シャーマンの説と一致する。日本でトウガラシよりもワサビが食文化に浸透した背景には、日本で長く続いてきたコメと魚食文化と深い関係がありそうだ。

魚と相性のよい香辛料

肉の消費量が初めて魚を上回ったのはごく最近、2006年である。水産庁がまとめた世界の水産物消費でも、主要国で日本は一人当たりの食用魚介類消費量はつい最近まで一位であった[62]。欧米人に食用の魚の名前をたずねると、十種類以上をあげられる人は少ないが、日本では二十種類以上の魚種をあげることができるという[63]。日本は近代化の過程で確実に肉食スタイルを受容していったものの、その消費量は魚肉より少なく、実際は戦後長らく米と魚という食生活のスタイルが主流であった。

実はこの結果には、日本に長く根付いていきた肉食禁忌の思考がかかわっていると考えられる。魚食文化がここまで日本で定着した歴史的背景をみてみると、675年の天武天皇による殺生禁令（「牛馬犬猿鶏の宍《しし》を食うこと莫れ」）までさかのぼることができる。以後も歴代にわたって畜類の殺生禁断、肉食禁止の布令が発せられた。国家が肉食を禁じたことで、やがて食肉という行為自体が穢《けが》れの一因とされ、肉が忌むべき食べ物とみなされるようになり、日本国民の精神に深く浸透してゆく。675年の殺生禁令以来、日本人は最近まで、魚食が中心の食生活を送っていたことは間違いない。国家の選択がその後の日本の食文化を方向づける、歴史が食を変えた事例として、世界的にも特筆すべきであるといえるだろう。

こうして日本は、肉を排除した代わりに、重要な動物タンパク源として魚が注目を浴びるようになり、日本は一大魚食王国となった。つまり、国家レベルで魚への依存度が高くなったといえる。それゆえに魚の料理法の発達が顕著であり、刺身やすし、魚の天ぷらといった多様な食べ方が生み出されたのである。こうしたなかでワサビは、魚食料理に辛味や香りや風味といった嗜好的加味を与えることができ重宝された。肉食に比べて淡泊な味わいの魚料理にアクセントを加味でき、変化を楽しむことができたことが大きかったのだろう。醤油との相性もよく、結果的に和食に欠かせない薬味としての地位を確立していった、という訳である。

日本では、食文化にかかわる資料をどれほど調べても、奈良時代から現在まで、魚よりも肉食の嗜好性が上回ったことは一度もなかったようである。もちろん、四足動物が全く食されなかった訳ではないが、どの時代を切り取っても、海産物が主流の献立が記録されているのである。国家が肉食を禁じた点は大きく、この精神は日本国民に深く浸透してゆくことになったのである。これは、同じ稲作文化である東南、東アジアにおいても非常に珍しい食文化といえる。

日本独自の料理法と香辛料

こうしてコメと魚介類中心の食文化が浸透した結果、魚介類の料理法が発達するようになった。本書で示した史料の中の献立を見ても、多様な食材を、刺身やすし、魚の天ぷらといったありとあらゆる方法で調理されているのがみてとれるだろう。[50]室町期以降は、食材と組み合わせる香辛料の存在も無視できない。しかも、どの食材に対しても同じ香辛料が用いられるのではなく、試行錯誤のすえの組み合わせの妙が活かされ、淡白な味になりがちな魚介類に辛味、苦味、香り、風味などを加えることで、飽きることなくあの手この手で工夫し食べようとしてきた背景が透けて見える。

最も重要な点は、香辛料が「臭みなどを消す」ことを主な目的として用いられていない、ということであろう。肉食が中心であった場合は、生臭さを消すために香辛料が用いられることが多い。日本でも、川魚が料理される際には、「生臭さ」を消すために、さまざまな香辛料が用いられてきた。しかしながら、香辛料の使い方としては、こうした「臭み」を消すという行為以上に、日本人はどちらかというと「食欲を刺激して食味を増すための香料や辛料」あるいは「暑中の暑を避け、寒中の寒を払う」という色合いが強かったと考えられる。「素材を活かす料理法」を好む気質も、諸外国にない特徴だったといえるかもしれない。実にさまざまな料理を考案してきた日本ならではの料理法こそが、独自の香辛料の使い方を生んだと考えられるのである。ワサビは、鮮やかな緑色という特徴も好まれ、日本料理によく合う食材として重宝されたと考えてよいだろう。さらに、江戸後期以降は、急速に普及した醤油との相性もよく、よりいっそう食文化として定着していったと考えられるのである。さらに、19世紀の終わりに伊豆半島を中心とした大規模な栽培化がすすみ、江戸へ大量供給できるようになった点も大きい。こうしてワサビは江戸の食文化の成熟期とも重なり、香辛料としてのゆるぎない地位を確立していったのである。

最後の謎

どうなる？ワサビの未来

その答えは私たちの食卓に！

世界からワサビが消えたなら……

想像して欲しい。世の中にワサビという存在がなければ、どんな食風景になっていただろう。

私は無類のワサビ好きを自負しており、ワサビのない世界など考えられない。しかし、たいていの人にとってはたいした影響はないかもしれない。具体的なイメージとして、たとえば、蕎麦屋にワサビがなかったらどうだろう。そこには主にショウガや辛味ダイコンが添えられているかもしれない。

では、寿司や刺身ではどうだろう。緑色のワサビの代わりに、おそらくショウガが添えられているだろう。

タデの類もあるかもしれない。とはいえ、刺身やすしが食べられなくなる訳でもなく、ワサビがなくてもすしも刺身も成立していたに違いない。なのになぜだろう、そこにワサビがないことを想像するだけで「なんとなく寂しい」気持ちになってしまうのは。こうした感情の背景にある存在こそが、食文化なのではないだろうか。

食の欧米化とワサビ

当たり前ではあるが、食文化は一朝一夕で成り立つものではない。最初はごく少数の人によって始められた食の行為が周囲に伝わり浸透し、さらにどんどん広がり繰り返されるなかで「すしや刺身にはワサビ」が当たり前になり、さらに全国レベルにまでになったのだから、とてつもないパワーがある植物だったといえるだろう。ワサビは日本原産の植物であり、日本人が栽培種にまでつくりあげた、稀有な存在といえる。

日本は肉食を排除した結果、動物性タンパク質として魚に重点を置くようになった。

肉に比べて淡白な味である魚料理に、アクセントを加え、飽きがこないように工夫がこらされた結果、刺身、すし、焼き、天ぷらなど、多様な調理方法が発達した。そのうえで、素材に合った香辛料が組み合わされ、変化を楽しむ食事が展開されてきたのである。そうした展開のなかで、ワサビは重宝されてきたのだろう。こうした日本独自の食文化が、どこかの時代で断絶することなく現代まで続いてきたことは、間違いなくまれな例といえるだろう。

韓国では、トウガラシ文化が辛味の嗜好性にも影響を与えてきた、と述べた。しかし忘れてならない点は、トウガラシが朝鮮半島で現在のように多用されるようになったのは、長い歴史のなかでは比較的最近の出来事であるという点だ。

トウガラシが朝鮮半島に伝来した時期は17世紀頃とされており、一般に普及するのはさらに時代が新しくなってからだということがわかっている。ワサビに関しても、現代のような組み合わせでの利用が確立したのは江戸時代後期以降のこと。日本の長い歴史からみれば、比較的新しい食文化であるという見方もある。

ヨーロッパ諸国での新大陸原産の作物の例にみられるように、伝統料理も時代の移り変わりのなかで、新しく導入された食材や料理法に置き換えられる可能性は大いにある。

ワサビの場合は、トウガラシに比べて栽培が難しく、辛味成分が揮発性であるため食品加工も簡単ではない。

また、前述した水産庁のデータでは、世界的に食用魚介類の消費量が増加傾向にあるなかで、日本だけが減少に転じていることが明らかにされている。コメと魚文化と密接に関係してきたワサビ利用は、急速に肉食に傾倒しつつある日本においては不利な状況にあるといえるだろう。

何の対策も講じられなければ、ワサビを薬味として利用してきた食文化が衰退に向かう流れは加速するかもしれない。

このようなことから、私は「日本人がワサビを食べなくなること」を危惧している。ワサビはそもそも、トウガラシや他の蔬菜類に比べ、特殊な環境でしか生育できず、そのため栽培は難しく、成長に時間がかかることから、大量生産による値下げや大幅なコストダウンは望めない植物だ。

その希少性に価値が見出されなくなれば、ワサビ生産者は採算が合わず、廃業するしかなくなり、これまで以上に生産者数は減少する。

栽培品種は、失われたら復元困難

長い間培われてきた植物資源の損失もまた危惧している。ワサビは生育環境を選ぶ植物であるため、系統維持が非常に難しく、栽培者がいなくなれば、維持されてきたワサビも一緒に消失してしまう。山に行けば野生が自生しているから大丈夫、という考えは間違いである。野生個体は栽培ほど根茎も太らず、辛くない。長い時間をかけてできた品種は、一度失われてしまったら、容易には復元できないのだ。だからこそ、植物資源として大切に守る必要があるといえる。しかも、自生地環境が変化するなか、野生集団の消失も深刻な状態にある。

魚好きはワサビ好き

興味深いことに、高校生を対象に行ったアンケートの結果から、肉好きとワサビ好きには関係性が見られなかったにもかかわらず、魚好きとワサビ好きの間には有意な関係性がみられることがわかった[58]。魚が好きな人にはワサビ好きが有意に多かったのに対して、肉が好きな人にはワサビが好きな人は、統計上意味のあるほどはいなかったのである。これまで述べたように、やはり、魚食経験はワサビの嗜好性と関係性がありそうだ。

さらに、子供たちに大人気の回転寿司とワサビ好きの関係について分析してみたところ、意外にも、回転寿司をよく利用する人が必ずしもワサビ好きにはなっていない、ということがわかった。その一方で、家庭でのワサビ経験や、生のすりおろしたワサビ経験とワサビ好きの間には、有意な関係性がみられた。

以上のことから、高校生のワサビ好きの背景には、魚食とワサビの組み合わせをおいしいと感じた経験が大切であることがわかった。さらに家庭での経験など、本人をとりまく環境も重要な要素になりそうだということも浮かび上がってきた。

食べ物の嗜好性が、家庭での「連続」経験によって影響を受けることはすでに多くの研究から明らかになっており、今回の結果と矛盾しない。ワサビの嗜好性が形成する過程においても食習慣や食経験が重要であることが示された結果となった。

食の文化史をつなぐ

2013年に日本食が世界無形文化遺産に、ごく最近（2018年3月9日）、「静岡水わさびの伝統栽培」が世界農業遺産に認定された。和食に欠かせないワサビは世界中から注目され、海外での需要は確実に増えている。世界が認めた和食食材であるワサビ栽培と食文化を受け継ぐために、私たちにできることはあるのだろうか。

ロジンらは、メキシコで実際に行われている食育として、トウガラシの辛さに慣れるための食訓練の様子を紹介している。[64] 食文化は短期間で形成されるものではない。

ワサビ離れだけでなく和食の根幹ともいえる魚や米離れも懸念されるなか、食文化を継承し維持するためにも、食育の重要性について、私たち一人一人がこれまで以上に意識しなければならないのかもしれない。

とはいうものの、家庭で提供できるワサビには限界があるだろう。二百二十一ページの図は、高校生のワサビへの関心度を調べたアンケート結果である。「私たちが口にするワサビが実はほとんどが外国産だったらどうするか」という質問に対して、長野県と静岡県では、無関心を示すような回答の割合が有意に低かったことがわかった。つまり、長野県と静岡県では、ワサビに対して「失われて欲しくない」という感情を持つ人の割合が他よりも多いことが判明したのである。この結果は、静岡県や長野県では、ワサビを他よりも身近に感じる人が多いことに由来しているのだろう。

こうした結果をふまえ、私は、多くの若者にワサビの食体験を持ってもらおうと、「もっとワサビを食べようプロジェクト」を主催し、大学のオープンキャンパスでワサビをふるまうなどの活動を行っている。今後は、地方自治体や生産者などにより、積極的に若い人たちに本物のおいしいワサビを食べてもらう機会をつくり、若者の経験値を少しでも増やす努力が、ますます必要になってくるだろう。

もしワサビが外国産だったら…… （58を改変）

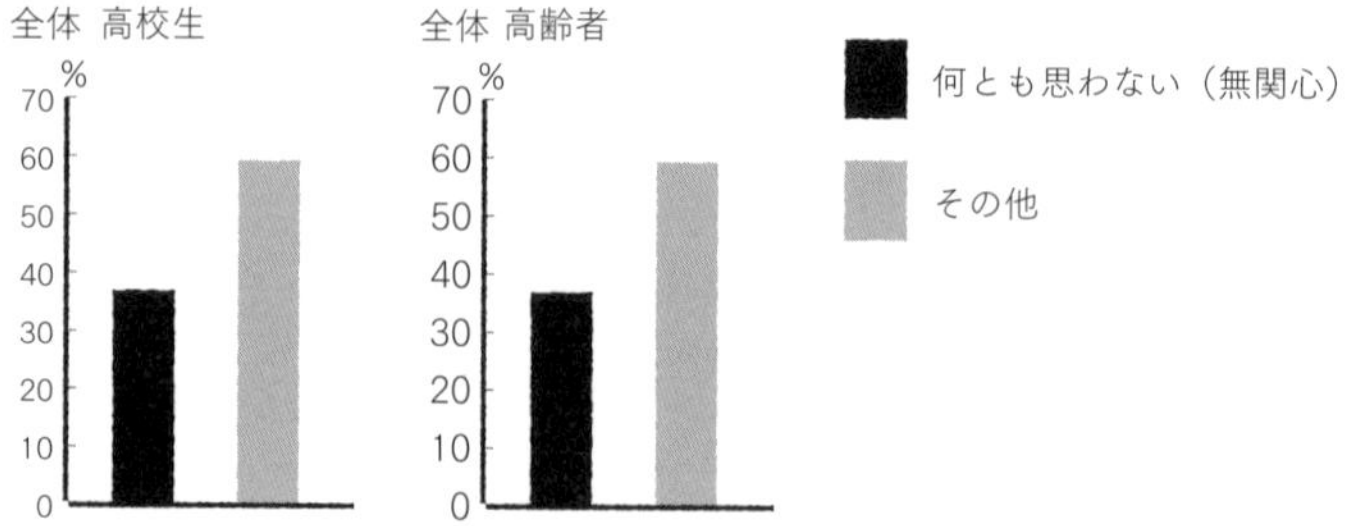

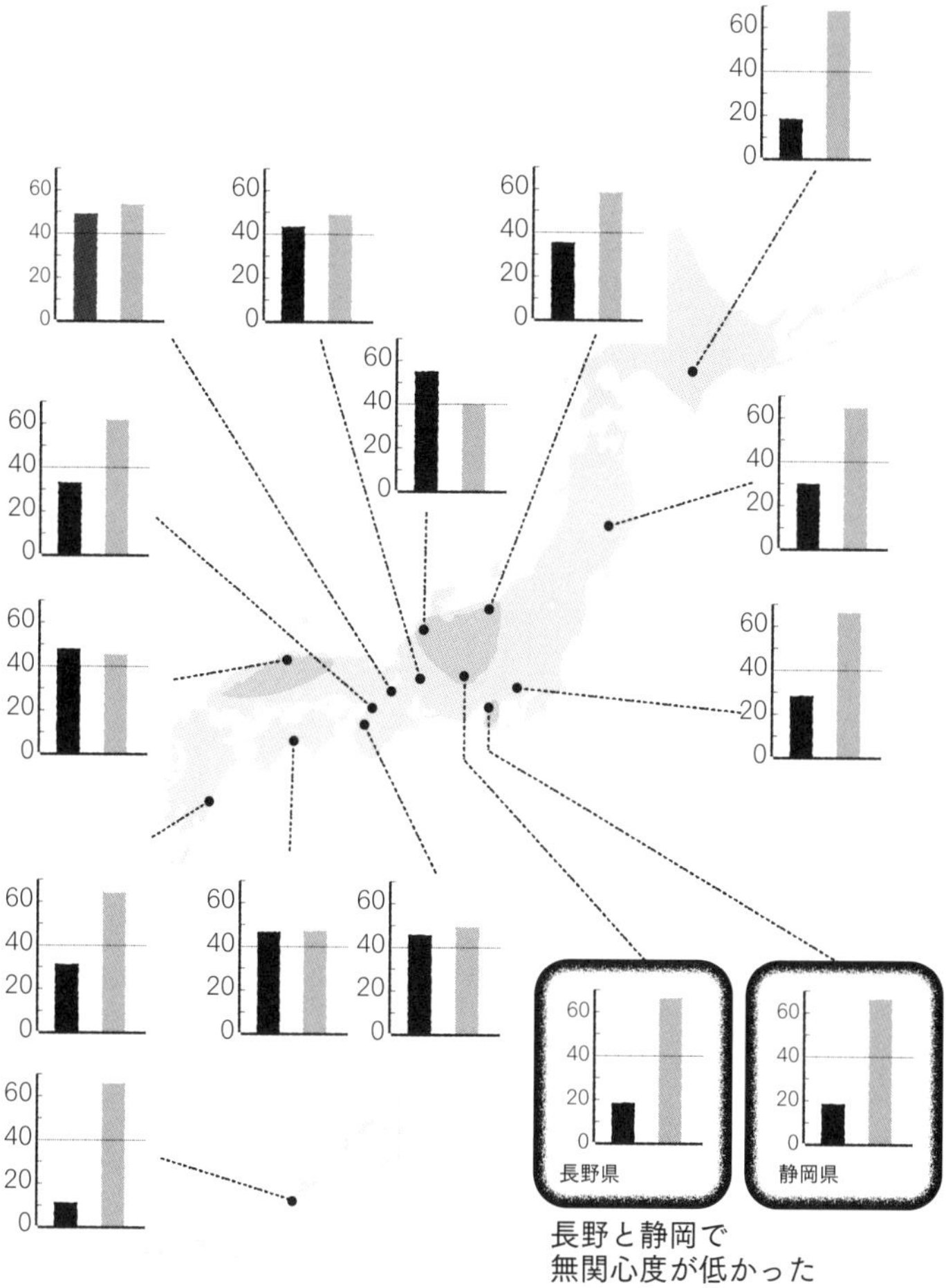
長野県
静岡県
長野と静岡で
無関心度が低かった

コラム
山葵祭りが貴重なわけ

京都の山奥で「山葵祭り」が開催されていることを知っている人はどれくらいいるだろう。インターネットで調べてもほとんど情報は得られない。長年ワサビ栽培にたずさわってきた人でも知らない人が多い。

知名度の低さは、この祭りが商業目的ではなく、地元の人たちだけでひっそりと行われてきた「神事」だからである。芦生の山葵祭りは、農産物の販売促進のために行われるような祭りとは全く異なる、神聖なる神招《かみお》ぎの儀式であり、山岳信仰を象徴する行事としてひっそりとそして脈々と受け継がれてきた神事である。

山葵祭りが行われる芦生《あしう》地区は総人口五十六人（２０１７年10月31日時点）で、京都市内から三十キロほど北東に位置し、福井、滋賀両県境に接する京都府南丹市美山町にある。都市部からさほど遠くはないとはいえ、総面積五千百四ヘクタールのうち、99・9％が山林という典型的な山岳地帯である。平安時代より内裏用の木材を調達する杣山《そまやま》として指定され、山資源の利用の歴史は古い。特筆すべきは、関西以西では随一のブナ帯をはじめとする原初的な天然林が残るその自然である。日本海型と太平洋型の気候の接触帯に位置し、しかも東に続く冷温帯と西に続く暖温帯の分布が重なりあう地域ということもあり、千メートルを超える高い山がある訳ではないものの、植物多様性の宝庫とされてきた。

京都大学の演習林もこの地にあり、自然研究・教育の場として利用されている。

山葵祭りは長い歴史を持つ山岳信仰の神事であり，『山村生活の研究[65]』で紹介されている。名前の通り、ワサビが神に捧げられる。

「冬期の熊狩りの無事を祈願し、山葵祭りの日までは山葵を食べてはいけない、という掟があり、やぶると罰があたると信じられている」との記載がある。そもそも、ワサビが神前に捧げられるという現存する祭りはここだけである。明治維新以前は、全国各地で特色のあるさまざまな飲食物が「神《しん》饌《せん》」として供えられていたが、現在では大変珍しい形態となってしまった。

神饌には、収穫物をそのまま捧げる生饌と，調理済の熟饌とがある。もともと神饌とは、その場で神が食し、その後直会《なおらい》で人々が口にするものであり、後者の熟饌が基本であった。芦生の山葵祭りでも、調理された山葵が熟饌《じゅくせん》としてふるまわれている。

ところが現在では、日本中の神社で生饌《せいせん》（読んで字のごとく、生の調理されていない材料のこと）が供されている。これは、明治政府が神道を国教と定めて画一化を図ったことに起因している。神道は基本的に多神教で地域ごとのさまざまな神観念に基いていたにもかかわらず、明治四年に「神社の儀は国家の宗祀」と宣言され、以後、明治政府はばらばらであった神社祭祀を全国的に画一化しようとしたのである。明治八年の式部寮達「神社祭式制定」により、神饌についても「生饌とする」と定められた。このような背景から、今日ではどこの神社でも同じような神饌品目が献ぜられ、その土地特有の飲食物は姿を消すこととなった。[66]

柳田も「この考え方（著者注：熟饌を基本とする考え方）は、近代人にとっては恐らく共鳴しがたいものになりつつあるが、日本の祭りの本意を汲もうと志す人は、せめてこのようなおおきな変遷があったことだけは知っておかねばならぬ[65]」と述べている。

このような時流のなかで、独自の神社儀礼が許されたのは、とくに官幣社クラスの大きな神社（諏訪大社など）のみであり例外的であった。[66] 芦生のような小さな村々のほとんどの神社では、地域的な特色が示される供物は姿を消してしまった。[66] にもかかわらず、現在もなお、明治以前の神事の様子をうかがい知ることができ、地域色が残される祭りが存続し、脈々と受け継がれているのは稀有な例である。

神饌の本義である直会の本来の意義を深く知るためにも、文化財的な価値が高いといえるだろう。

ワサビは地域によってDNA型が異なることがわかっている。全国で収集した九州から北海道までのワサビと近縁野生種を二百系統以上分析したところ、日本のワサビ属植物は遺伝的多様性が高く、日本各地にさまざまなDN

A型が存在することがわかってきた。なかでも芦生のワサビは、大変珍しいDNA型を持つ野生種であることが明らかになっている。

　この背景には、日本列島で繰り返された氷河期と間氷期による気候変動が影響していると考えられる。人がワサビを利用するよりもはるか昔の出来事、植物は、繰り返される氷河期と間氷期のなかで、厳しい環境変化を生き延びるために適地を求めて移動してきた。芦生のワサビは何万年以上もの間、芦生を待避地（レフュージア）としてこの地で生きてきたと考えられる。長い間他のワサビ集団と交わることなく、ひっそりと生き延びてきた集団、それが芦生のワサビの正体ともいえる。

　ところが筆者が初めて参加した2014年にはすでに、祭りで用いられるワサビが芦生産ではなかった。芦生の森全体で2000年頃から深刻化していたシカの食害による影響から自生ワサビが姿を消し、祭りで用いるわずかな量ですら収穫が不可能になっていたのだった。[67]

　増えすぎたシカによる食害から、約十年の間に著しい個体数の減少がみられ、芦生ワサビは絶滅寸前まで追い込まれている。かつては民家周辺で自生していた芦生ワサビが、今日では山葵祭りに利用することができないほど数が減ってしまっている。

　そこで、芦生地区の方々の協力を得ながら、「芦生の野生ワサビ保全プロジェクト」が始動した。その後、京都大学農学研究科の高柳敦先生の指導のもとに、地元の方々の協力を受け、2016年3月31日に、わずかに残された貴重なワサビ個体を取囲むように、外周囲約百メートルのシカ用の防護柵を設置した。

設置後も、近畿地方一円に大きな被害をもたらした台風二十一号（2017年10月）の襲来により一部損壊するなど、問題点も多い。芦生地区での保全活動は、地元の方々の協力あってのプロジェクトである。シカ用防護柵の設置が根本的な解決になっているとは言い難く、残された課題も山積みである。しかしながら、何もしなければ、2017年時点でわずかに四個体のみとなっていた希少な野生ワサビ集団は今頃目の前から消えてしまっていたかもしれない。この地のワサビは、氷河期時代の生き残りの可能性が高い。採り尽くされることなく守られてきた芦生ワサビが、山岳信仰に根付いた食文化とともに受け継がれるための活動を、これからも地元の方々と協力しながら進めてゆきたい。地元の方々の理解なくして、決して保全活動は成功も持続もないということを、台風後の修復作業で痛感した。いつか、芦生のDNA型をもつワサビで芦生の山葵祭りが行われることを、そしてなにより、これからも祭りと文化が受け継がれることを願いながら活動を続けている。

山葵祭りの神饌。中央の皿に調理されたワサビが。ヤナギの箸とともに。

おわりに

氷河期から現代、さらに未来予想まで、百万年のワサビの旅を案内してきた。山奥に生えるただの植物が、和食に欠かせない食材にまで至ったここまでの遠い道のりには、数々の物語が存在することがわかっていただけたと思う。なかには、偶然とは思えないような出来事もみられ、たった一つの食材にもこんなにもたくさんのエピソードが存在することに、驚かれたのではないだろうか。この物語のなかには、数多くの人々がかかわっている。ワサビが今、世界中で利用されている背景に、偉業を成し遂げてきた人々（多くの名もなき人々を含む）の存在があることを忘れてはならないだろう。

私自身、この本を執筆する中で、あらためてワサビの世界の奥深さを痛感した。もしも日本がコメと魚食文化が続いていなければ、戦国の世がずっと続いていたら、誰かがその価値に気づかなければ……ワサビは今、どういう運命をたどっていたのだろう。どちらにしても、氷河期時代に大陸から渡ってこなければ、この世に今のワサビと同じ植物は存在しなかったことは間違いない。日本に辛味が強いワサビという植物が存在するのは、全くの偶然なのだ。日本人は、この偶然のチャンスを逃すことなく食に薬に利用し、大切な資源として守り続けてきた。

ところがワサビは今、野生と栽培の両ワサビ史上最大の受難の時代を迎えているといってもよい。このままでは、「貴重な植物資源」という観点からも、日本のワサビ生産が支えられなくなる可能性がある。

現在のワサビ品種は、たった三種類の育種母本に由来した交配によりつくられたことが、DNA分析からわかっている。この三種類の母本はかつての優良品種であるが、おおもとの個体はいずれも劣化の程度が著しく、結果的に、日本のワサビ品種の遺伝的多様性は幅が狭まる一方となっている。品種育成が極めて難しい植物であることに加え、育種母本に使えるはずだった「在来品種」の大半が、各地の生産者とともに消失してしまったことも大きい。

このままでは、現品種の品質を大幅に向上する品種改良は望めず、全国各地で育成する際の地域適応性もますます見込めなくなる。結果的に先細りとなることが懸念される。

野生種の状況もかなり深刻であり、環境の変化から消失する集団が相次いでいる。ワサビは、どちらを向いても深刻な状況に置かれているのが現実なのである。この状況に追い打ちをかけるように、若者のワサビ離れが進み、国内の消費が落ち込めば、日本のワサビ業界のさらなる発展は見込めなくなるだろう。

ワサビ研究を開始してこうしたワサビのさまざまな問題に直面し、早い段階から真剣に悩んできた。今よりずっと若かった頃、アドバイスをくださったのは、ある先生であった。それは「ワサビファンを増やしなさい」というものだった。

このときのお言葉は、常に信念として持ち続けている。恐れ多くも自称「ワサビ応援隊長」を名乗りながら、「もっとワサビを食べようプロジェクト」と称して、教育、研究のかたわらで若い人たちにワサビを食べてもらったり、インスタグラムでワサビ製品を紹介したりと、ワサビファンを増やすべく活動を続けてきた。このような背景もあり、本書には、ワサビの奥深い歴史を知ってもらうことでワサビファンが増えてくれれば、という願いが込められている。読後、「ワサビっておもしろい」「ワサビはやっぱり大切だ」と感じ、「なんとか守りたい」と思ってもらえたらこのうえない喜びである。

活動を続けるなかで「ワサビを守るために、自分たちはどうすればいいですか?」という質問をよく受ける。その都度こう答えるようにしている。「もっとワサビを食べましょう!」と。

グローバル化が進むなかで、食文化を継承するということは、かつてないほど難しくなっている。これだけたくさんの種類の食材が手軽に手に入るようになった現代において、特定の食材を食べ続けるには努力が必要な時代になってしまった。ワサビも、何もしなければ将来的には次第に食べる習慣がなくなり、食事風景から消えてゆく可能性もあるのではないかと危惧している。一人一人が、意識してワサビを食べるようにして、次の世代に伝えることができれば、脈々と続いてきた文化が途切れる事態は防げると信じたい。ということで、やはり声を大にして言いたいのはこれである。

もっとワサビを食べましょう！

最後に、知りたいという情熱にまかせて調査を始めたものの、古い資料の収集や古文書の解読などは専門外の分野ということもあり、苦戦した。得られた資料をどのように位置づけてよいかに関しても判断が難しく、さらに際限なく掘り出される資料の多さは、学究的な好奇心を満たしたいという当初の純粋な喜びを忘れそうになるほど、想定外だった。そのため、これらの資料をまとめるのに最も

効率のよい手段が年表だと考え、できたのが本書である。できる限りの資料は発掘したつもりではあるが、この先、新しい資料が出てくる可能性は大いにあると予測している。とくに、室町以前の資料が少なく、いつ頃から根茎をすりおろすようになったのか、17世紀のワサビ需要をまかなった全国の産地に関してなど、多くの謎は明らかになっていないため、後ろ髪をひかれる思いで筆を置いた。さらに、有東木や白山での栽培発祥に関する資料も乏しい。蔵や図書館や資料館の書庫などに、発掘されないまま眠っている可能性は大いにあるだろう。

なかでも、有東木のワサビのルーツとなった野生ワサビがどこに生えていた集団なのかに関しては、どうしても知りたいと思っている。

ある程度はDNA分析で絞り込めたとしても、各地の自生地の状況が悪化し、証拠となるはずの集団が壊滅してしまえば、それもかなわなくなる。さらに、どこの野生集団が栽培化されたのかがわかったとしても、誰が、どういう動機で何を思い栽培化という行為に及んだかは、永遠の謎として残るだろう。そこまで細かい文書記録が残っていれば別だが、それはおそらく奇跡に近いだろう。それでも、何かしらの記録から、当時の人の思いを想起させることができれば、人間が野生植物を栽培化しようとしたきっかけや、その時の思いの復元が可能になるかもしれない。これこそが、私が栽培植物起源学を生涯の研究テーマと決めた時に知りたかった本質である。

本書を読んで、栽培植物起源学やワサビ研究に興味を持つ方が出てきて下されば、このうえない喜びである。ぜひとも残された謎を解明して頂きたい。できれば私が生きている間に、残された多くの謎が解明されることを切に願う。

本書の執筆にあたり、調査費用をご寄付頂いた、有限会社フローラ21の坂嵜潮様にこの場をお借りして厚く御礼申し上げる。ワサビ研究は、大変多くの方々に御世話になり、実施している。本来であれば、この場をお借りして、全ての方々のお名前を記載させて頂きたいところではあるが、紙面の都合上割愛させて頂くことをお許し頂きたい。本書の印税はワサビ研究に使わせていただく所存である。

また、決して主役にはなれない、日陰の植物であるワサビだけを材料にした本を出版したいという無謀な企画に対して前向きに話を聞いて下さり、迷ったり躊躇したりを繰り返す自分の背中を最後まで押して下さった文一総合出版の菊地氏に、心よりお礼を申し上げたい。

研究をかげで支え、常に励まし続けてくれた母、山根佳久子に本書を捧げる。

追記

ここから
はじまる
わさびの物語

２０１９年春。

生命の息吹に圧倒されるような緑の海のなかで美しい花々が揺れていた、あの頃の景色はここにはない。春だということを忘れてしまいそうなほど寒々とした土色の風景が広がり、かすかに獣臭を感じる。まだ湿り気が残り、つやのあるシカの糞がたくさん足元に転がっている。

シダまでやられている。

この谷は全滅かもしれない。

ワサビの谷は暮れるのが早い。鳥たちはとっくに巣に戻っただろう。吐く息が白くなってきた。今日はもう観察とサンプリングはあきらめて早く戻ろう。存在をアピールするためにとリュックにとりつけたスピーカーからロックシンガーの声が響くなかで、ポケットのクマよけのスプレーを確認する。試行錯誤の末に考案した装備は以前より充実したかもしれない。それでも未だに恐怖心がやわらぐことはない。

収穫に乏しい帰り道の足取りは重い。歩きながら、蛭とマダニがついていないかを確認する。まだ寒い時期やこれまで未確認だった場所でも確認されるようになった。蛭とマダニの両方がついていたこともある。ひどい時には、髪の毛に九匹のマダニがついていたこともある。ワサビの集団は年々減りつつあるのに、会いたくない生き物に遭遇する頻度は明らかに増えた。以前と変わらないのは、山に対するの畏怖の念と、いつまでたっても上達しない私の登山技術くらいなのかもしれない。

蛭やマダニが増えた原因はいくつか考えられる。シカなどの獣が増えたことにより棲息場所が拡大したこと。さらにその原因として、山を管理する人が減り、獣を撃つ人が減ったこと。山の環境が変わってしまったことも関係しているだろう。この十年ほど、多くの時間を山で過ごすようになり、この目でこの肌で、確実に山が変化しているのを感じていた。こんなにも短い期間に谷は姿を変えてしまったのである。私たちは今、大切な何かを手放そうとしているのではないか。そんな、得体の知れない不安に襲われる。


あの日、あの時、美しい谷で感じた、「何も知らない」という「気づき」から十年以上の時を経て、私はワサビの何を理解できたのだろうか。

名もなきただの草は、間違いなく食文化にも影響を与えるような存在にまでなっていった。その過程には偶然の出来事や運命を決定づける数奇な出会いがあったものの、全てはワサビの「辛い」という特徴からはじまっていたように思える。日本人は、この辛さを「より辛く」、根茎を「より太く」する「栽培化」という、数ある生き物のなかで人間だけが成し得た行為によりワサビを特別な存在に至らしめた。その影響は計り知れないほど大きいものであった。湧水を利用して大規模に植え付けられるワサビ田の風景は、一見自然にとけこんでいるように目にうつるものの、人間がつくりだした造形物である。もともと野生のワサビがいた深い山の谷も、その多くが山を管理する人々によって守られてきたものであり、決して放置されてきた場所ばかりではないだろう。皮肉なことに、山の様子が変わってしまった原因の一つに、山が管理されなくなったこともあげられる。長い間、自然と共生することを選び、その術を身に着けてきた日本人の知恵が、忘れられつつあるのかもしれない。

知らないことはまだまだたくさんある。今ならまだ、手に入れることができる情報も残されている可能性がある。日本人の知恵を、技術を、後世に伝えなければならない。それが自分の使命であるとあらためて気づかされた。

ふと、岩陰に生き残った小さなワサビの葉を見つけ、胸が熱くなる。またひとつ、ワサビの物語がここからはじまろうとしている。

目を閉じると、緑で埋め尽くされた、光り輝く谷がみえる。私はあと何回ワサビの春をこの目でみることができるのだろう。

ワサビの物語はこれからも続くだろう。未来の誰かがこの物語の続きを語り継いでくれる日はくるのだろうか。どうかその時、この美しい風景が残されていますように。わさびが日本人に愛され続けていますように。

野生わさびの谷

㊴橋本敬之. 2015. 江川家の至宝：重文資料が語る近代日本の夜明け. 長倉書店.

㊵北村孝一(監修). 2012. 故事俗信 ことわざ大辞典 第二版. 小学館.

㊶静岡県. 1989-1998. 静岡県史. 静岡県.

㊷山葵栽培発祥之碑建設委員会. 1992. 記念誌 わさび栽培発祥の郷を訪ねて. 山葵栽培発祥之碑建設委員会.

㊸柴辻俊六. 2005. 甲斐 武田一族. 新人物往来社.

㊹野木治朗. 1964. 天城の山の物語:猫越峠・わさび沢. 俳句研究社.

㊺秋山章(纂修)・萩原正平(増訂). 1888-1896. 増訂 豆洲志稿. 栄樹堂.

㊻田方郡町村誌 7 田方郡北狩野、上狩野、中狩野、下狩野村誌. 1913.

㊼石渡延美(著)・伊豆市教育委員会(編). 2011. 伊豆市歴史資料 温故史. 伊豆市教育委員会.

㊽中伊豆町山葵組合. 1991. 中伊豆町山葵組合百年史. 中伊豆町山葵組合.

㊾太田杏村. 1898. 神田青物市場の沿革. 風俗画報 176号. 東陽堂.

㊿今村啓爾. 1997. 戦国金山伝説を掘る—甲斐黒川金山衆の足跡(平凡社選書 167).

51静岡県立中央図書館. 資料に学ぶ静岡県の歴史 29. ゴールドラッシュの伊豆、幾たびか. https://www.tosyokan.pref.shizuoka.jp/data/open/cnt/3/ 50/1/ssr3-29.pdf

52橘礼吉. 2015. 白山奥山人の民俗誌:忘れられた人々の記憶. 白水社.

53足立昭三. 1987. ワサビ栽培. 秀潤社.

54http://www.kanpoyaku-nakaya.com/mailmagazine no171.html

55稲田浩二. 1988. 昔話タイプ・インデックス(日本昔話通覧28). 同朋舎出版.

56神立幸子. 2004. 日本の昔話絵本の表現:「かちかち山」のイメージの諸相. てらいんく.

57日比喜子・澤 麻衣子・鄭 大聲. 2001. 日本と朝鮮半島の食文化の比較研究(その2)若者の辛味に対する嗜好性—日本と韓国の場合—. 人間文化 9: 29-38.

58山根京子・小林恵子・清水祐美. 2018. 日本の若者におけるワサビと辛味の嗜好性に関するアンケート調査結果. 園芸学研究 17: 219-229.

59Billing, S. and Sherman, P. 1998. Antimicrobial Functions of Spices: Why Some Like it Hot. The Quarterly Review of Biology 73: 3-49.

60鄭大声. 1979. 朝鮮食物誌:日本とのかかわりを探る. 柴田書店.

61Yamane, K., Sugiyama,Y., Lu, Y.-X., Lü, N., Tanno, K., Kimura, E. and Yamaguchi, H. 2016. Genetic Differentiation, Molecular Phylogenetic Analysis and Ethnobotanical Study of *Eutrema japonicum* and *E. tenue* in Japan and *E. yunnanense* in China. The Horticulture Journal 86: 46-54.

62https://www.jfa.maff.go.jp/j/kikaku/wpaper/h29_h/trend/1/t1_2_3_2.html

63石毛直道. 2015. 日本の食文化史:旧石器時代から現代まで. 岩波書店.

64Rodin, P. and Schiller, D. 1980. The Nature and Acquisition of a Ppreference for Chili Pepper by Humans. Motivation and Emotion 4: 77-101.

65柳田國男(編). 1937. 山村生活の研究. 民間伝承の会.

66原田信男. 2013. 日本の食はどう変わってきたか:神の食事から魚肉ソーセージまで(角川選書). 角川学術出版.

67山根京子. 2015. 芦生のわさび祭り. 平成26年度山葵連合会報 53: 14-18.

引用文献

①Haga, N., Kobayashi, M., Michiki, N., Takano, T., Baba, F., Kobayashi, K., Ohyanagi, H., Ohgane, J., Kentaro Yano, K. and Yamane, K. 2019. Complete chloroplast genome sequence and phylogenetic analysis of wasabi (*Eutrema japonicum*) and its relatives. *Scientific Reports* 9: 14377.

②田中正武. 1975. 栽培植物の起源. 日本放送協会出版.

③八坂書房(編). 2001. 日本植物方言集成. 八坂書房.

④青葉高. 2000. 野菜の博物誌. 八坂書房.

⑤永山久夫. 1998. 日本古代食事事典. 東洋書林.

⑥寺林香代. 1981. 平安時代の食生活：平安後期の饗膳について. 夙川学院短期大学研究紀要 6: 158-138.

⑦吉田元. 1991. 日本の食と酒. 人文書院.

⑧三雲泰子・石川寛子. 1985. 江戸料理本に見る香辛食品利用の調査研究-1-料理物語について. 山脇学園短期大学紀要 23: 81-97.

⑨伊藤信弘. 2014. 室町時代の食文化考：飲食の嗜好と旬の成立. 多元文化 14: 131-158.

⑩横山重・松本隆信. 1979. 室町時代物語大成 第7.

⑪豊後孝江・山下光雄. 1995. 中世の料理書の研究『今古調味集』について(2). 広島文教女子大学紀要 30: 1-21.

⑫青山佐喜子・片寄眞木子・川原崎淑子・小西春江・阪上愛子・澤田参子・志垣瞳・富永しのぶ・正井千代子・山本信子・山本由喜子・米田泰子. 2004. 関西のうす味・うす色食文化の形成とうすくち醤油の利用に関する研究(第1報)江戸期の料理本に見るしょうゆの出現数と地域性. 日本調理科学会誌 37: 21-34.

⑬江後迪子. 2007. 信長のおもてなし:中世たべもの百科(歴史ライブラリー240). 吉川弘文館.

⑭樋口清之. 1959. 日本食物史:食生活の歴史. 柴田書店.

⑮黒沢脩. 2007. 家康公の史話と伝説とエピソードを訪ねて. 静岡市観光課.

⑯静岡市役所(編). 1969. 静岡市史. 静岡市.

⑰渡辺実. 2006. 日本食生活史. 吉川弘文館.

⑱吉井始子(編). 1977. 復刻江戸時代料理本集成 第三巻. 臨川書店.

⑲安部郡町村誌10 静岡縣安部郡大河内村史 巻中. 1913.

⑳天城湯ヶ島町文化財保護審議委員会(編集). 1982. 天城の史話と伝説. 未来社.

㉑島崎とみ子・高正晴子. 1989-1991. 東海道三十三次饗応の旅. 月刊専門料理 24(6)-26(6)(25(2)を除く).

㉒辛基秀. 2002. 新編 朝鮮通信使往来. 明石書店.

㉓朝日重章(著)・塚本学(編集). 2003. 摘録 鸚鵡籠中記—元禄武士の日記(岩波文庫). 岩波書店.

㉔田代和生. 2002. 倭館—鎖国時代の日本人町(文春新書281). 文藝春秋.

㉕宗家文書 裁判記録 八 往復之状留. 国立国会図書館蔵.

㉖高正晴子. 1995. 朝鮮通信使の饗応について. 見本家政学会誌 46: 1063-1068.

㉗渡辺善治郎. 1988. 巨大都市江戸が和食をつくった. 農山漁村文化協会.

㉘原田信男. 1989. 江戸の料理史:料理本と料理文化(中公新書929). 中央公論新社.

㉙長瀬牙之輔. 1982〔初版1930〕. すし通(日本の食文化体系13). 東京書房社.

㉚杉山宗吉. 1968. すしの思い出. 養徳社.

㉛小学館(編). 1988. 日本大百科全書 第11巻. 小学館.

㉜静岡商工会議所. 1968. 静岡市産業百年物語. 静岡商工会議所.

㉝浜口尚. 2011. マグロ類の利用に関する一考察. 園田学園女子大学論文集45: 195-211.

㉞芝恒男. 2012. 日本人と刺身. Journal of National Fisheries University. 60: 157-172.

㉟村本喜代作. 1964. 小長谷才次伝. 小長谷菊太.

㊱日本食糧新聞社. 2013. 食品産業事典 改訂第9版. 日本食糧新聞社.

㊲高正晴子. 2010. 朝鮮通信使をもてなした料理:饗応と食文化の交流. 明石書店.

㊳東京日日新聞社会部(編). 1927. 味覚極楽. 光文社.

著者略歴

山根京子（やまね きょうこ）
岐阜大学応用生物科学部 准教授
ワサビの進化，栽培化の謎のさらなる解明に邁進中。
ソバ属，コムギのなかまなど，植物遺伝資源の保全にも取り組む。
図書館と温泉を愛する自称「わさび応援隊長」。京都府出身。
インスタグラム　@kyoko_yamane_wasabi
ブログ　わびさびつづり

わさびの日本史《にほんし》

山根《やまね》 京子《きょうこ》 著

2020 年 8 月 20 日　初版第 1 刷発行

ブックデザイン 辻中浩一＋小池万友美（ウフ）
装画　TOA
組版　文一総合出版
発行者 斉藤　博
発行所 株式会社　文一総合出版
〒 162-0812　東京都新宿区西五軒町 2-5
電話 03-3235-7341
ファクシミリ 03-3269-1402
郵便振替 00120-5-42149
印刷・製本 奥村印刷株式会社

定価はカバーに表示してあります。
乱丁，落丁はお取り替えいたします。

ISBN978-4-8299-7233-5　Printed in Japan
NDC383　四六判　128 × 188 mm　280p.

わさび歴史年表

西暦	時代	元号	出来事（ワサビ）	行政	文化
552		欽明天皇13		仏教伝来 四ツ足の肉食が罪悪感視される	
630				第1回遣唐使派遣	
675	飛鳥	天武天皇3		肉食禁止の詔（殺生禁令） 「牛馬犬猿鶏の宍を食うこと莫れ」 のち、この禁令は魚類にもおよぶ 公出挙の詔 農民を貧富により3等に分け、貸税は中・下戸に限るとする	
685			飛鳥京遺跡で出土した木簡に「委佐俾三升（わさびさんしょう）」の記載 最古のワサビの記録		
701				「大宝律令」賦役令 納税方法の法律の中にワサビ	
710	奈良			平城京遷都	

713	奈良	和銅3	「播磨国風土記」現兵庫県南西部にあった宍禾郡波加村の名称由来について記載の後に「其山生栂枌檀黒葛山薑」	
715				「続日本紀」に「昆布を貢献す」。海藻の初出
718		養老2	「養老律令」巻第四 賦役令 第十「基調副物。正丁一人。紫三両。紅三両。……山薑一升。青土一合五夕。……」	
828～739頃			二条大路濠状遺構から出土した木簡に「芥廿二把」。カラシは通常「芥子」と表記され、計量単位からもカラシ菜のことと考えられる。	
729				大般若会で聖武天皇(701～756)が百僧に茶を下賜。わが国最初の茶の飲用
754		天平勝宝6		鑑真和上(668～763)来朝。黒砂糖をもたらす
758		天平宝字2		正倉院文書 食料下充帳「薑卅球」、宝字8年の銭用帳に「波自加美一球四文」南アジア原産の香辛菜であるジョウガは栽培して利用していた。
809	平安	天平宝字2		嵯峨天皇(在位809～823年)「弘仁式」「弘仁儀式」「内裏式」等により、宮廷行事の形が整えられる。 富士山延暦大噴火
894				遣唐使の廃止 国風文化の時代 富士山貞観大噴火

西暦	時代	和暦	記事	出来事
918	平安		「本草和名」 若狭国、越前国、丹後国、但馬国、因幡国からの税品に「山薑」の字。 生産地は京の都に近い諸国で、自生したものと思われる。	
927	平安		「延喜式」 巻五 神祇五 斎宮式「山薑(條)二斗。飛騨。」 巻二四 主計式上「山薑。……越前国行程上七日……」等。 巻三一 宮内式「越前 甘葛煎。椎子。稚海藻。山薑。鮭子。氷頭。背腸。……」 巻三九 内膳式 年料「若狭国。……。山薑一斗五升三度。……」 越前国、丹後国、但馬国、因幡国、飛騨国にも「山薑一斗五升三度」とある。	
1081	平安		「類聚名義抄」 「山葵 禾サヒ」、「山薑 禾サヒ(典拠)未詳」	
1141	平安		「色葉字類抄」 3巻本(前田本)：「山葵サンクヰ 山薑」 (黒川本)：「山葵サンクヰ ワサヒ 山薑」 10巻本：「山葵ワサヒ、龍珠同 山薑同 俗用之」	
1186	鎌倉	文治2		甲斐國で野生のブドウを発見し、栽培を始める
1192	鎌倉	建久3		源頼朝 征夷大将軍に
1193	鎌倉	建久4	遠江国(静岡)安倍郡六河内村有東木に、甲州人の望月五兵衛、宮原清左衛門、白鳥五郎平の三家が移住したと伝わる。	
1221	鎌倉	承久3	「古今著聞集」にワサビの記載。 野生ワサビを採集していたようすがうかがえる。	承久の変

養和の大飢饉

西暦	時代	年号	記事	出来事
1236	鎌倉	嘉禎2		「百錬抄」大勢の武士が洛中の寺院の境内で鹿の肉を食べて心ある公卿を怒らせたとある。
1274				文永の役
1276		建治2	「日蓮遺文」駿河国富士郡在住の北条時頼の近習、南条七郎時光に宛てた礼状（建治二年三月　五十五歳御作）から、五十五歳のお祝いにワサビが贈られていたことがわかる。	
1281				弘安の役
1296		永仁4	「厨事類記」寒汁（ひやじる、冷たい汁）を供するときの記述に「汁の実に、山葵、夏蓼、板目塩、薯芋のとろろ、橘葉等を同じ盤に盛りてこれを加え置く……」	
1338	室町	延元3 暦応1		足利尊氏、征夷大将軍に
1399		応永6	「鈴鹿家記」に「指身鯉　イリ酒　ワサヒ」。刺身の初出。	
1457		康正3 長禄1	「山科家礼記」に「わさび二束、かも一番、鱈、塩引き」などの記載。贈答品であったと考えられる。「六束三百二十文」と価格も記載。	
1459		長禄3	「大乗院寺社雑事記」にはじかみの記載あり。ワサビなし。	
1461		寛正2		中世最大規模　寛正の大飢饉
1462		寛正3	「山科家礼記」第一に「十二月二十六日一、たかくらとのへ　わさひ一束、御所望也、進上」とある。	
1463		寛正4	「山科家礼記」第一に「寛正四年正月一、禁裏へん□とのへとり一つかい、わさひ二そく進上」	

1467	室町	応仁1		応仁・文明の乱 戦国の世に入る	
1469		文明1	「精進魚類物語」。精進(穀物野菜)と魚類(鳥類、貝類も助勢)との合戦を描いた異類合戦物で、ワサビが擬人化されている。		
1485		文明17	「大乗院寺社雑事記」 しょうが、山椒の記載あり。ワサビなし。		
1489		長享3 延徳1	「四条流庖丁書」 鯉料理にはワサビ酢を使うことがあげられ、川魚の生臭さを消すのに役立てられていたことがうかがえる。		
1491		延徳3	「山科家礼記」第五にワサビの記載。正月用品購入注文としても登場している。		
1532		享禄5 天文1	「石山本願寺日記」 天文元(1532)~永禄四(1561)年の献立には、「山椒」の文字はあるが、ワサビはなし。 「言継卿記」1月17日の条に「……坂本執當所より指樽、一、荒巻、二〆、すし、山葵等被送候、祝着々々、納豆廿包、是は舊冬遅々也、何も恆例也、目出々々、わさひ長橋局へ進め候了、……」とある。		
1535		天文4			赤桐右馬太郎、径山寺味噌から湯浅醤油を製造
1537		天文6	「武家調味故實」に鳥の料理にワサビを用いるとある。 「四條隆重卿ヨリ傳受」と記載あり。		
1541		天文10		信玄、武田家の当主となる	

1543	室町	天文12			ポルトガル船、種子島に漂着し、鉄砲を伝える。
1548		天文17	「松屋会記」（久政他会記） 「人敷 宗閑 了雲 道叱 一おし入 くと 平釜 わさひ茶碗 さつう 但、 後ニ桶、置也 一床 かこ花入」		
1553		天文22		第一回川中島の戦い	
1554		天文23		三国同盟。武田氏、今川氏、北条氏の間で平和協定	
1555		天文24 弘治1		第二回川中島の戦い	
1557		弘治3		第三回川中島の戦い	
1560		永禄3		桶狭間の戦い	
1561		永禄4	「三好亭御成記」進士美作守請取献立之次第 献立の中に、香辛料はほとんどみられない	第四回川中島の戦い（最大の合戦）	
1564		永禄7	「清良記」（親民鑑月集）に「「かつら類の事」として、マタタビ、カラスウリ、アケビと合わせてワサビの栽培について記載。「八月末、九月に実を取り、初春に植えるが、長く置かないと実がつかないので、木陰に植えておく。どれも珍しいもの」とある。	第五回川中島の戦い	
1565		永禄8			耶蘇会士日本通信 宣教師ルイス・フロイス（1532～1597） 「日本人は食事にあたって礼儀正しい」。 書翰 宣教師ガスパル・ビレラ（1525～1572） 「肉は非常に少なく、全国民は肉より魚類を好み、量も多く、味もよい」。

1573	室町 安土 桃山	元亀4 天正1		武田勝頼、武田家の当主となる。 織田信長、第15代将軍足利義昭を追放、室町幕府が滅びる。
1574	安土 桃山	天正2		定勝寺文書 最古のそば切りの記録
1575		天正3		長篠の戦い 武田勝頼が信長・家康連合軍に大敗。
1580		天正8	「古今調味集」に山葵味噌、山葵酢、磯菜卵、梅仁卵、伊豆豆腐の調理法が記載される。	
1581		天正9	「御献立集」入内 ワサビの文字なし。	
1582		天正10		武田勝頼自刃、武田家滅亡 本能寺の変 清洲会議
1587		天正15		キリシタン禁令 牛、馬の食用を厳禁
1588		天正16	「聚楽第行幸御献立」 「山椒鯉」、「山椒はむ」の記載はあるが、ワサビの記載はなし	刀狩令
1590		天正18		豊臣秀吉が全国統一
1590		天正18		徳川家康、江戸に入城
1591		天正19	「利休百會記」 「天正十九年 極月廿七日朝 高山南坊一人 茶屋の二畳敷 あられ釜 わげ水指 肩衝四方釜にわげをしき わさびすりて きしの汁 鯛の焼物 大皿に めし」	千利休切腹 身分統制令

1592	安土桃山	文禄1		豊臣秀吉が朝鮮出兵（文禄の役）朱印船貿易始まる
1593		文禄2	前田利家家が秀吉を饗応した際の献立にワサビの記載はなし	
1594		文禄3		甘藷（サツマイモ）がフィリピンから福建を経て、琉球に伝播
1596		慶長1	安部郡大河内村有東木（現在の静岡市葵区有東木）でワサビ栽培発祥 慶長年間（1596〜1615）と伝わる	中国の明時代に李時珍『本草綱目』南京で出版
1597		慶長2	白山（白峰）でワサビ栽培が始まる	
1598		慶長3		慶長の役 豊臣秀吉没
1600		慶長5		関ヶ原の戦い 大名の改易・減封・国替はじまる オランダ船リーフデ号漂着 イギリス東印度会社設立
1601		慶長6		家康 朱印船貿易をはじめる
1603	安土桃山 江戸	慶長8	「日葡辞書」に「Vasabi ワサビ（山葵）冷たい汁やその他の料理に使う、山林に生ずるある種の果実」（土井忠生ほか編訳『邦訳 日葡辞書』による）	徳川家康、征夷大将軍に
1606	江戸	慶長11		家康が駿府を隠居所と定め、十男頼宣に駿河を治めさせる
1607		慶長12	徳川家康、駿府城に入城	第一回朝鮮通信使
1609		慶長14	琉球侵攻。琉球王国は薩摩藩の支配下に。	「日本見聞録」 フィリピン総督ビベロ（?〜1636） 其常食は米及び大根、茄子等の野菜を稀には魚類なり。日常の食料は米なり。（大垣貴志郎監訳『日本見聞記 1609年』による）

1614	江戸	慶長19		「蕎麦切」の文字が初めて現れる	
1615	江戸	慶長20		大阪夏の陣　豊臣家滅亡 武家諸法度	
1616	江戸	元和2		家康没 欧船の来航を平戸・長崎に制限	上総国銚子の田中玄蕃、関東の濃口醤油を初めて製造 江戸の本船町・本小田原町に魚市場を開設
1619	江戸	元和5		頼宣は紀州へ	
1621	江戸	元和7	「御献立集」入内 ワサビの文字なし 後水尾天皇二条城行幸の際の献立にワサビあり。 「本膳 膾 海鼠 山葵 うで鴨 香物 御汁 鶴 松茸 二の膳 焼物 生鰹、すずき焼(鯛、赤貝、小鳥)ずいき和、御汁 鱸塩煮 三の膳 杉地紙蛸 さざえ 車海老 蒲鉾」		
1623	江戸	元和9		徳川家光、征夷大将軍に	
1624	江戸	寛永1		二代将軍秀忠の三男忠長が駿府城主に	「清良記」(親民鑑月集)成立(寛永～延宝年間)
1626	江戸	寛永3	「御献立集」行幸 ワサビの文字なし		
1638	江戸	寛永15	「毛吹草」(松江重頼 著) 巻二四季の詞を正月から月別に列記。二月に「山葵」。 巻四国別に名物をあげ、近江)、安芸に「山葵」。安芸のワサビは「新城山葵」と記載。		

西暦	時代	和暦			
1641	江戸	寛永18	「松屋会記」(久重茶會記)「二月十九日朝 汁 ヌキハマグリツク〲シ、イワ竹フ・ヒラツホウナメス、キ、色々入、ワサヒ置テ、二月二十三日晩 大皿ニ、酒ヒテ 生タイ 花カツヲ ワサビ」	江戸四大飢饉 寛永の大飢饉	
1643	江戸	寛永20	「料理物語」第七 青物之部 鳥料理にワサビ使用の記載が多く、鶴の汁やかわいり、いり鳥のすい口に、鳥鱠や鳩ざけに加えるとよいと述べる。指身では鴨雁に「わさびす」、子鴨や栄螺に「わさびみそす」を薦める。伊勢豆腐に「わさび味噌」を加えるとよいという。「山葵みそす」と「わさびあへ」の調理法も記載	田畑永代売買禁止令	「料理物語」トウガラシの登場はなし。シカ、イノシシ、ウサギ、クマ、タヌキ、カワウソ、イヌの料理法の記述あり
1647	江戸	正保4	「松屋会記」(久重茶會記)「三月三日朝 酒ヒテ タイ サケ ワサビ ヨリカツヲ ミカン サケカケテ」		
1648	江戸	慶安1	「松屋会記」(久重茶會記)「五月二十八日晩 セト四方皿ニ一物 タイ 赤貝 クラゲ ミカン ワサヒ 二月八日晩 二アヘ物ウト入 ヨリカツヲ カキタイ キンカン ワサヒ」		
1649	江戸	慶安2	「松屋会記」(久重他会記)「十一月二十日朝 ワサヒ カキタイ イリサケ」		
1650	江戸	慶安3	「松屋会記」(久重他会記)「カキ鯛 クリ カツヲ ワサヒ セリノハ 十一月十八日朝 カキ鯛 イリサケ タウクラケ クリ ワサヒ」	江戸三大大火 明暦の大火	
1663	江戸	寛文3	「藝備國郡志」上 土産門に「和佐尾」。		
1664	江戸	寛文4			江戸で大平椀に一杯ずつ盛りきりで売る「けんどんそば切り」が初めて出回る。
1666	江戸	寛文6	「訓蒙図彙」菜蔬の項にワサビが描かれる。ワサビの絵として最古のもの。後の和漢三才図絵に引用される。		

西暦	時代	和暦	ワサビ関連	世相	食文化
1672	江戸	寛文12	「料理献立集」にワサビの記載		
1674		延宝2			紀州の漁師甚太郎、カツオ豊漁のときに生売りでさばけず、残りを燻べ干す。カツオ節のはじまりといわれる
1680		延宝8	俳諧・常盤屋の句合五番 青わさび蟹が爪木の斧の音(杉風)		江戸に上方鮨(こけら鮨、鯖鮨、箱鮨)伝わる
1682		天和2	第七回朝鮮通信使饗応献立にワサビが多用される		
1684		貞享1		小石川御楽園設置	
1686		貞享3	板垣勘四郎、伊豆国湯ヶ島村に生まれる		
1687		貞享4		生類憐みの令	酢、食ずしの店として、江戸四谷の近江屋、駿河屋の名が「江戸鹿子」にみえる 近江彦根藩で牛肉の味噌漬を考案
1691		元禄4			
1693		元禄6	「鸚鵡籠中記」上 四月二十四日の献立に「指身 わさび」の記述。尾張での献立。		
1697		元禄10	「本朝食鑑」に「本朝式神祇の部に山葷をもってわさびと訓す」「飛騨の国これを貢す」の記載。 また、「山葵」の表記について、賀茂の神山の葵に似ていることに由来するものかと推測、「山葷」は根の形状に因って名つけたものであろうと述べる。		「農業全書」(宮崎安貞著) 農事、農法を詳述。 宮崎安貞(1623〜1697)は江戸時代の三大農学者の一人。
1702		元禄15	五代将軍綱吉が本郷の加賀邸を訪問した際に老中以下に出された三汁八菜の献立(「加賀松雲公」より)にワサビが使われている。		

西暦	時代	和暦	事項	その他
1703	江戸	元禄16	有東木で大洪水 ワサビ栽培成功の約100年後、元禄16・享保5年の2回の大洪水で、全戸数28戸中4戸が流出との記録あり。	元禄大地震
1706		宝永3		富士山噴火 オランダ人がナンキンマメ（落花生）などを伝える
1709		宝永6	「大倭本草」にワサビの記載。図も描かれている。 炭太衹（1709～1771） 俳句「わさびありて俗ならしめず辛きもの」	「大倭本草」にトマトの記事。 トマトの日本への伝来は18世紀初頭といわれる
1712		正徳2	「和漢三才図絵」 形状の描写、栽培法、料理法、薬効などを述べ、「山葵は蕎麦の薬味に欠くべからず」「伊州に多く産出」とする。 別項にワサビおろしの記述もある。	「和漢三才図会」 牛の条の注「日用の食とするは厳法なれど、禁ずる能はず」。 実際には牛肉を食べることも秘かに行われていたと思われる。
1712		正徳2	浄瑠璃「長町女切腹切」（1712頃）の詞 「ひげ口よせてほうずりは、山葵おろしにぬきの玉ご」	
1713		正徳3	「養生訓」に食物と香辛料、調味料の取り合わせについての記載。生魚にショウガ、ワサビを添えるとよいとする。	
1714		正徳4	「菜譜」 計136種の作物の形状や栽培法を記す。ワサビは高山の寒いところのものがよく、「辛いものの中で最も味がよい」とする。	
1714		正徳4	「當流節用料理大全」 四条家高嶋氏撰。四条流関係の文献等を編集したもの。鯛や鯉の刺身や焼き鮭、貝類などにワサビを合わせている。	
1716		享保1	「食物知新」 ワサビの効能を、「胸隔を効し……、魚毒を殺す」と紹介。図あり	徳川吉宗、征夷大将軍に 享保の改革（吉宗による農業改革）

1717	江戸	享保2		ワサビを飢饉用の食料と記載(漬物として保存食に)。大岡忠相、江戸町奉行となる。	「松前蝦夷記」によると、大野平野(函館市)ではアワ、ヒエ、大豆、小豆、ウリ、ナス、麻を栽培していた。
1718		享保3	有東木村に隣接する渡村の文書に「わさび田」の記載。わさび田の初見。	幕府は、鶴、白鳥、がん、かもの食用禁止(鳥類減少のため)。江戸の鳥屋を十軒に限定。	
1721		享保6		目安箱を設置 幕府江調査で江戸の人口が50万人と判明	
1722		享保7		上米の制	
1723		享保8		足高の制	
1725		享保10	「槐記」摂政・関白太政大臣近衛家熙の言行録。侍医山科道安による。5月18日、訪問先の進藤刑部大輔方で供された鯛の刺身にワサビが添えられている。神田に青物商が集まり(現在の市場の前身)、「獨活、蕗の薹、木の芽、蕨、筍、蓮根、慈姑、百合の根等と山葵」が扱われ、徳川幕府の御膳所に納められていた。幕府の御買い上げワサビは伊豆地蔵堂最寄と記されている(明治31年刊「風俗画報」176号による)		
1726		享保11	「槐記」1月23日、2月28日、3月24日、11月の条にワサビの記載。鯛などの刺身や湯葉、ナマコに添えられている。		

1727	江戸	享保12	「槐記」4月3日の条に「カキ鯛、イリ酒、ミル(梅松)、山葵、皿志野焼」	
1727		享保12	黒柳召波(1727〜1771)俳句「そば打てばわさびありやと夕哉」	
1728		享保13	「槐記」2月11日と12月11日の条にワサビの記載。鯛の刺身や汁物に添えられている。	
1729		享保14	「槐記」5月7日の茶湯始め、2月6日、4月13日の条にワサビの記載。鯛の蒸し物、焼き豆腐、鯛の細造りに添えられている。	
1731		享保16	「槐記」2月27日と4月27日の条にワサビの記載。鯛の刺身、湯葉に添えられている。	
1733		享保18	「槐記」10月22日の条に「湯燕、山葵、アンカケ」	
1734		享保19		青木昆陽、「甘藷記」を著しサツマイモの普及を図る
1737		元文2	板垣勘四郎、天城山守となる	
1738		元文3	「献立懐日記」指味の項に「平め、まつな、けん、松のかいしき、入り酒」とともにワサビの記述	
1744		延享1	板垣勘四郎、シイタケ栽培を教えるため有東木村に派遣される。ワサビを持ち帰り、天城山中の岩尾に植えたと伝わる。	
1750		寛延3		この頃、江戸両国・浅草の盛り場にすし屋現れる

西暦	時代	和暦		
1751	江戸	宝歴1	駿府の商人田尻屋利助が「わさび漬け」を開発、販売をはじめる 「蕎麦全書」（江戸の蕎麦通、日新舎友蕎子 著）に、「（そばの取り合わせとして）ワサビもよいが、辛いダイコンがないときの代用」としている。	
1753		宝歴3		リンネ「植物の種」刊行 近代植物学の始まり
1755		宝暦5	板垣勘四郎70歳の文書（山守由緒）が残る。	
1758		宝歴8	良寛和尚（1758～1831） 和歌「ちむばそに酒にわさびにたまはらば春はさびしくもあらせじとなり」	
1763		宝歴13		江戸市内でとうがらし屋が人気を博す
1768		明和5		田沼意次が御用人職に昇格
1770		明和7		杉田玄白（1733～1817） 「栄養」ということばを初めて使用
1771		明和8		この頃、江戸市内にすし、そば、おでん、燗酒の屋台見世が多数出現する
1772		明和9 安永1	明和の大火 江戸三大大火	田沼意次 老中となる
1773		安永2	「料理伊呂波包丁」	
1776		安永5	「そば手引草」花まきそばの項 「もりそばの上にきざみ海苔をのせ、わさびをそえる。ネギは海苔とわさびの風味を殺すので薬味として使わない」等の記述。ワサビが珍重されたことがうかがえる。	
1779		安永8	「果蔬涅槃図」（伊藤若冲）にワサビが描かれる。	

西暦	時代	元号			
1782	江戸	天明2			「豆腐百珍」(春星堂藤屋善七著)出版。豆腐料理100種を紹介
1783		天明3	川柳「新見世のうち八二八にわさびなり」	江戸幕府が倹約令	
1784		天明4		佐野政言、若年寄田沼意知を殺す	
1787		天明7		寛政の改革(1787~1793) 3年の倹約令 徳川家斉、征夷大将軍に 江戸・大坂にうちこわし 松平定信、老中に	商標を集めた「七十五日」に折ずし、蛇の目ずし、江戸前ずし、きんとん酢、にぎりずしなど有名なすし屋24軒がみえる
1788		天明8			
1791		寛政3	「翁草」(神沢杜口著)巻百五十五辛みの賦「からし、にんにく」など辛いものに触れた後、ワサビは清らかな場所に育ち、貴人も召し上がるもので、辛いものの中で随一であるとしている。		
1797		寛政9	「魚尽錦絵」(歌川広重)にワサビが描かれる。		
1800		寛政12	「豆州志稿」 伊豆でのワサビ栽培は明和年間板垣勘四郎が有東木より苗と技術を持ち帰り、天城山中の岩尾に試作したことに始まり、好結果を得た旨、ワサビは伊東港より船で江戸に運ばれた旨が記載される。		
1801		享和1	「成形図説」 「つまもの」として愛用された野菜として紹介。		

江戸四大飢饉
天明の大飢饉

京都
天明の大火

雲仙岳噴火

1802	江戸	享和2	「東海道中膝栗毛」（十返舎一九著）「ホンニそれよりまた秋にお出なさると、とりどりの松茸じゃ。……あたらしいのを、すましのすいものにして、ちょっと山葵おとして、さけのおさかなにいたそなら、とつともふ、なんぼくふても、ねからあきがないわいな」湯ヶ島村年貢割付状に「山葵運上」が記載される		
1803		享和3	「本草綱目啓蒙」石川県でも栽培があったことが記されている		
1804		文化1	「飲膳摘要」無毒で、生の根を摺ったものは「歯痛に即効あり」とする。	五ヶ年の倹約令	
1807		文化4	天城天領でのワサビ栽培が公式に許可 代官所から大見八ヶ村に3箇所（菅引入りぼっこう小屋、筏場水の入、地蔵堂入本川口）での許可が下りる		
1808		文化5	伊豆で山葵仲間ができる 175軒が記録される。		
1810		文化7	「寺本永旅行日記」伊豆のワサビ栽培を記述。	中野清茂（石翁）、小納戸頭取に異動。第11大将軍家斉の側近として権勢を振るう。	この冬、まぐろが大量に獲れる。
1811		文化8		五ヶ年の倹約令	
1812		文化9	天城山狩野口山葵植付場所御見分御案内絵図面 ワサビ田所有関係が記録。		
1813		文化10	韮山代官江川英毅、「江戸参府日記」に伊豆のワサビを土産として配ったことを記す。		

江戸三大大火

丙寅の大火

1818	江戸	文政1	文化十五寅二月吉日 献立 石和氏 当時山守であった菅引の山口勝平宅に保存されている献立中に「わさび酢」「匂ひわさび」がある。		
1820		文政3	「日養食鑑」 「毒なし鬱を散し気を開き汗を発し胸膈を利し疝積を逐ふ魚肉蕎麪の毒を解す又齲歯痛に生根を磨り牙疼に傳れバ即効あり」。 茶番を描いた滑稽本「花暦八笑人」（滝亭鯉丈 著）の台詞に「ひたし物は何だらう。……山葵がきいてゐるぜ」		
1821		文政4	文政年間こはだずし発案（ワサビ使用）		
1822		文政5	「江戸流行 料理通」（栗山善四郎 著） 江戸土産として人気を博す。栗山善四郎は高級料理店八百善の四代目。		
1823		文政6	「調理叢書」 年間を通じて出現する食品に野菜類（根菜類）としてワサビの記述。	五ヶ年の倹約令	
1824		文政7	「甲甲旅日記」（小笠原長保 著） 湯ヶ島から梨本村までの行程を詳細に記す。 「このあたりことさら山葵多し」		
1825		文政8	「江戸流行料理通」二篇 前出の続編		
1828		文政11	「慊堂日暦」（儒学者 松崎慊堂 著） 「文政十一年七月 てい宇君は美酒及び年魚・山葵を贈る」	五ヶ年の倹約令 シーボルト事件	
1829		文政12		シーボルト日本追放 水戸藩主徳川斉昭の改革はじまる	

1830	江戸	文政13 天保1	「慊堂日暦」 11月の条に「酒及び山葵饋る」 「嬉遊笑覧」(喜多村信節 著)巻十 上(飲食)のワサビに関連する記載 大根おろし器 日光山詣の際に見つけたもの、下総佐原で入手したものの経常を紹介。 蕎麦 「そば切り」の説明で、辛味大根やワサビがそばの薬味に添えられていたことがわかる。 すし みさご鮨、一夜ずし、釣瓶鮓、雀すし、食すし、おまん鮓、当座鮓・鮓売等鮓に関する記述の最後に、「松が鮓」を記載。ワサビを添えて使ったという記述はない	
1832		天保3		
1833		天保4	「備荒草木圖」(建部清庵著) ワサビの図があり、大きな葉がかなり精密に描かれている。説明文には山ユ菜という漢字に「わさび」のふりがな。 「苗はゆでて食べ、また生でつけものもよい」とする。	五ヶ年の倹約令
1834		天保5		水野忠邦老中となる
1836		天保7	「四季漬物塩嘉言」 「山葵粕漬」の製法を記載。	府内食物商人の増加禁止
1837		天保8	「守貞謾稿」(喜田川守貞 著) 握りずしの図に「刺身及ビコハダ等ニハ飯ノ上肉ノ下ニ山葵を入ル」。	大塩平八郎の乱
1838		天保9		食物商人取締 三ヶ年倹約令

天保の大飢饉
江戸四大飢饉

1839	江戸	天保10			出雲の山本安良「喰延食品」を著す
1840		天保11		諸大名に質素の倹約令 三ヶ年倹約令	
1841		天保12	江戸両国元町与兵衛の鮓と大橋安宅の松の鮓、ぜいたくとして主人が捕えられる。与兵衛ら200余人のすし屋に手鎖の刑。刑期は短く禁が解かれるとますます繁盛したという。	天保の改革（水野忠邦）諸士に質素倹約令	
1842		天保13	「救荒本草綱目啓蒙」（小野蕙畝 著） 「山ユ菜（ワサビ）」としてきわめて正確にワサビを記載。分類学的な知識に基づいた植物認識がされていたことがわかる。	町人が飲食等に大金を使うことを禁止 農民の副業を禁ずる	
1843		天保14		上和令、その撤回、忠邦罷免（改革の失敗）	
1844		天保15 弘化1	「誹風たねふくべ」にワサビの絵。 「饌書」（小西海堂主人 撰） 日本産の食材を四季に分類し、産地や旨味、料理法などを記す。薬効、毒性に関する記述はほとんどみられない。 芸州（広島県）の新城で多く採れること、渓の浅いところに細かな石を敷き、努めて水を清らかにして栽培することに言及（中村璋八、佐藤達全編『原典・現代語訳 日本料理秘伝集成』による）。		
1845		弘化2		町人の奢侈禁止	
1849		嘉永2		産業構造の変革進む	
1852		嘉永5		天保の改革失敗後 武家町人の奮移進む	
1853		嘉永6		ペリー来航	

1855	江戸	安政2	安政江戸地震	諸物高値の禁令	
1856	江戸	安政3		幕府が箱館で外国人に牛肉を供給することを許可	
1857	江戸	安政4	「ヒュースケン日本日記」（1855～1861）1757年11月24日（安政4年10月8日）「今朝八時天城越えに出発……ワサビ、または野生のカブラが広く一面に生えていた。」（青木枝朗訳による）		
1858	江戸	安政5	日本総領事ハリスへの料理献立 元旦に幕府がハリスを接待した献立に「ワサビ味噌」。「武総両岸図抄」「伊豆わさび隠しに入れて人までも泣かすか安宅の丸漬けのすし」「伏勢の隠しわさびに唐人の泣かん蛇の目の橋台の鮨」「橋際にひさぐ家台のわさび鮨鬼も泪をこぼす朝市」「輿兵衛すしつける山葵の口薬鉄砲巻の好むもののふ」	日米修好通商条約調印	
1859	江戸	安政6	狩野川大洪水	シーボルト再来日（長崎へ）安政の大獄始まる	ダーウィン、進化論発表
1860	江戸	万延1	遣米使節団がアメリカを訪問。所持品リストにワサビ20本。アメリカへの持ち出しの初見。	野田兵吾、横浜本牧に日本人として初めてパン店を開業	
1861	江戸	文久1	「駿河志料」（駿府の神職 中村高平 著）有東木川沿いでワサビ栽培が行われていたことを記載。		
1867	江戸	慶応3		大政奉還 屠殺場の開設 牛肉の販売開始	

1868	明治	明治1	この頃、長野県穂高町でワサビ栽培が始まったとされる（宇留賀浜雄著『穂高わさびの歴史と栽培・加工法』による）。	戊辰戦争勃発 江戸城閉城、武家を中心に20万人以上東京を去る	タマネギ、芽キャベツ、サクランボ、ナシウリ、オクラ、クレソン、西洋 堀越藤吉、中川屋嘉兵衛より牛肉売込みの権利を受け、東京に初めて牛鍋屋を開業
1869		明治2			通商司、築地牛馬会社を設立、搾乳と牛の屠殺を開始。肉食の奨励普及につとめる 下総で養豚が盛んになるが、豚肉食用の風習がなく間もなく衰退
1870		明治3			開拓使が、練馬大根、細根大根、菜瓜、冬瓜、キュウリ、ナス、カボチャ、甘薯、里芋の種子を東京から函館に導入する
1871		明治4		廃藩置県	
1872		明治5		明治天皇、牛肉を試食 新橋～横浜間に鉄道開通	僧侶の肉食、妻帯、畜髪を許可 東京で桑、茶の栽培と兎の飼育が盛んになる
1874		明治7	「草木六部耕種法」（佐藤信淵著）巻四廿三 栽培方法と産地を解説し、根だけでなく茎葉、花もおいしいこと、高価で販売可能なことを述べている。		小樽土場町で東家初代文平、夜啼きそば屋を始める この頃、「馬鹿の番付表」で「米をくわずしてパンを好む日本人」が大関になる
1875		明治8	わさびの田丸屋創業		
1876		明治9	「草木育種」（阿部櫟齋著） 「わさび 山の渓間に生じる。食物に加えて辛香を助く。砂八分土二分ほど入れておいて水を灌ぐ」		

1877	明治	明治10	内國勧業博覧会に氷川町神庭の牧野愛助が自家栽培のワサビを出品、賞状を授与	西南戦争	
1880		明治13	「物産要略」(甲斐織衛 著) 「山葵ハ山間湿地ニ植エ作ル草ノ根ニシテ其葉ノ如ク味ヒ辛クシテ香気アリ三四月頃葉ヲ生シ八月頃黄白色ノ小花ヲ開キ其根摺リ諸肴ノ風味ヲ添ユル為ニ用ユ」。		七飯勧業試験場(北海道):トウモロコシ焼酎、グースベリー酒、カーレンツ酒、ワサビ液、香水など試作。
1881		明治14		政府官吏、旧大名、公卿、旧募臣、東京にかえる	
1882		明治15	官林天城山山葵沢規約書		
1883		明治16	「農業雑誌」182号 「山葵培養法」を掲載 「小學作文全書」七上 「山葵」の項目あり。「山葵ハ山澗の陰地ニ自生シ、春月梗ヲ抽テ細小ナル白葩ヲ發ク、其ノ莖ハ微辛ヲ含ム醢酢ニ漬スヘク、根は辛味烈シクシテ芬芳アリ、以テ魚膾ノ加味ニ適ス、又鹽に漬セハ貯フヘシ」。		
1885		明治18	12月20日 朝日新聞朝刊(大阪) 大阪堺の藤原源次郎が造ったサメ肌のわさびおろしが好評のため、特許を申請		
1886		明治19	牧野標本庫のワサビ標本、シーボルトが書き込んだCochleariaの文字あり		
1887		明治20			この頃より食用トマト栽培 従来は観賞用とされたいた。当時トマトはアカナスとも呼ばれた

1889	明治	明治22	大見山葵業組合設立 田丸屋、開通したばかりの東海道本線静岡駅構内でのわさび漬販売権を獲得。列車の窓から旅人に販売	大日本帝国憲法公布	
1893		明治26	ワサビの腐敗病大発生、被害甚大		
1894		明治27		日清戦争（1894〜1895）	
1901		明治34	畳石式ワサビ田が普及		
1902		明治35	信越線、篠ノ井線が開通。穂高わさびを東京・神田市場に出荷		
1904		明治37		日露戦争（1904〜1905）	
1905		明治38	耐腐性品種「半原」導入 夏目漱石『吾輩は猫である』にソバとワサビを巡る会話が登場		
1906		明治39	「常用救荒飲食界之植物誌」（梅村甚太郎 著）第7篇 十字花科ワサビについての記載		
1906		明治39	「明治東京逸聞史」（森銑三 著） 「東海道各駅の名物 静岡、山葵漬、評判よろし。安いわりに体裁もいいし、土産物として喜ばれる」。		紀州高野山、肉食、女人禁制を解禁
1907		明治40		天城山の林相徐々に回復	
1908		明治41	「明治東京逸聞史」 「山葵卸しが添えてあって、口に含むと春の泡雪が溶けるような気がする。それで代は一銭である」。	増税法を公布、非常特別税の酒造税、石油税、砂糖消費税を恒久税とし、さらに増税	

濃尾地震

1911	大正	明治44	「信濃産業誌」(信濃教育会 編) ワサビの栽培と現況・将来について記載。 「多く類を見ざる天輿の適地」 「修養教訓 偉人豪傑言行録」(南梁居士 著) 「鐵翁上人の潤筆は山葵なり」。 「思ひ出」(北原白秋 著) 「わが生ひたち」の一節「店全幅の薬種屋式の硝子戸棚には曇った山葵色の紙が」		
1913		大正2	「富山県園芸要鑑」(中川滋治 編輯) 立山山葵についての記載。 「田方郡上狩野村誌」編纂。ワサビ栽培発祥に関する伝説を収録。		
1914		大正3	粉わさびの製造開始 静岡県の茶仲買人小長谷与七が本格的製造に着手。当初は川根方面のワサビだけで作っていたが、のちにカラシ粉を配合。1920年頃から量産が可能に。	第一次世界大戦 (1914~1918)	水産漁獲量200万トンを超え、イギリスに次ぐ世界第2位の水産国となる
1915		大正4	静岡ワサビに病虫害 長野県で大王わさび農場開田開始 創業者深沢勇一が、農閑期に地元の農民を雇い、20年かけて地面を掘り下げ、最初のワサビ田を完成。 「樺太植物誌」(宮部金吾・三宅勉 著) 「からふとわさび」の形態、ワサビとの違いなどを記述。		
1916		大正5	「生物界之智嚢 植物篇」(松山亮蔵 著) ワサビの項で、栽培、利用法の紹介のほか、伊豆・天城山麓のものが「最も名高い」としている。		
1917		大正6	「各種野菜料理法」(山本久助 著) ワサビの料理法として「魚煮付の添物・刺身附合せ・刺身に煎酒・羊羹・鰈の山葵酢・浸し物・胡麻酢かけ・みそ和・蒲鉾・揚物・煮物・味噌汁」。		

西暦	元号	和暦	出来事	社会	その他
1921	大正	大正10	信州山葵同業組合設立 三瓶わさび(島根)に軟腐病が蔓延		
1922	大正	大正11	「消費経済主婦の顧問 日用品の良否鑑別法」(廣島縣教育會編) おいしいワサビの選び方について、茎が青く、根茎がよく肥大し、香りが高く粘りのあるものがよいとしている。		
1923	大正	大正12	「たやすく多く儲かる兎の飼ひ方と美味しい料理法」 ウサギの飼育から販売、料理法まで記載。刺身に添えたり、湯引きしてワサビで和えるという料理法が紹介されている。 関東大震災		この頃から、格式あるすし店でもマグロをすし種として握るようになる エスビー食品、日本で初めてカレー粉の製造に成功
1924	大正	大正13	板垣勘四郎の功を讃える「山葵栽培之祖碑」建立		
1925	大正	大正14	静岡県山葵協会		この頃(1921~1925)の平均寿命、男42・06歳、女43・20歳、男女差1・14歳
1927	昭和	昭和2	伊豆天城湯ヶ島に「静岡県立山葵研究所」設立 山葵協会報第1号が発刊される		
1929	昭和	昭和4	金印食品創業者(初代社長)小林元次、柳橋中央市場に青果を扱う小林商店を開く	世界恐慌	
1930	昭和	昭和5	金印食品、生わさびの卸商に転業 北伊豆地震によりワサビ田被害甚大 地蔵堂入村沢の開拓が始まる		この頃(1926~1930)の平均寿命、男44・82歳、女46・54歳、男女差1・72歳
1931	昭和	昭和6		満州事変	
1932	昭和	昭和7			マグロ油漬缶詰、輸出20万箱となり、輸出の基礎が確立
1933	昭和	昭和8	金印食品、粉わさびの研究・製造に着手 沖ノ島でオオユリワサビのタイプ標本 三陸沖地震		

西暦	元号	和暦	山葵関連事項	社会
1934	昭和	昭和9	軟腐病に強い選抜系統19系統が島根県匹見より同日原に移される 静岡県山葵研究所が湯ヶ島に設立	
1937		昭和12	「山村生活の研究」(柳田國男著) 京都府南丹市美山町のわさび祭を記載 金印食品、粉ワサビ「金印わさび」「銀印わさび」発売	日中戦争 （1937〜1945）
1938		昭和13	金岡軒二郎、粉わさび「静わさび」商標登録	7月、物品販売価格取締規則の制定
1939		昭和14	岩田佐一、粉ワサビ「カネク粉わさび」発売	第二次世界大戦 （1939〜1945） 10月18日、価格等統制令制定、9月18日現在の価格を上限とする 1943年までに約1万2千種類の商品に公定価格が定められた（マル公価格）
1941		昭和16	「島根3号」命名	太平洋戦争始まる 生活必需物資統制令公布 香辛料が配給制となる 魚の販売にお客様登録制、公平分配案を実施
1944		昭和19	山葵も統制出荷になる	
1945		昭和20		天皇「終戦の詔勅」を放送、終戦となる GHQ農地改革指令
1946		昭和21	第2次農地改革 山葵は出荷統制から外れる	

1947	昭和	昭和22	静岡県山葵漬工業協同組合設立 福井地震	飲食営業緊急措置例 喫茶店以外の料飲業者が休業を余儀なくされる 平均寿命、初めて50歳を超える。男性50・06歳、女性53・96歳。男女差3・9歳
1950		昭和25	静岡県山葵生産者組合設立	朝鮮戦争開始 東京築地卸売市場開設 特需景気により高額所得者が続出 この年、女性の平均寿命初めて60歳を超える。男性58歳、女性61・4歳。男女差3・4歳
1951		昭和26	金印食品 長野県で西洋わさびの契約栽培を開始 静岡県山葵協会設立 静岡県山葵協会創刊号が出される	
1952		昭和27	金印わさび株式会社設立	
1953		昭和28		朝鮮戦争終結
1954		昭和29	米のビキニ水爆実験によりワサビ大暴落	
1955		昭和30	ふだん着の英国(島田巽) 英国人の七つ癖・五 「戦争中もワサビのきいた諷刺の筆を働かせて」	
1958		昭和33	伊豆半島狩野川流域で台風による大規模な水害。伊豆市中伊豆のわさび田に甚大な被害が発生。復旧を契機に「畳石式」による栽培と、新品種「真妻」の導入が進む。 島根県山葵協会発足 鹿足郡日原町農業試験場の上野良一は、耐病性品種の改良に努め、短期間に生育する大型ワサビを試作する。三瓶種と命名される。	最初の回転寿司店「廻る元禄寿司 1号店」がオープン 日清食品、世界初の袋入りインスタントラーメン「チキンラーメン」発売 狩野川台風

1959	1960	1961	1962	1964	1965	1967
昭和						
昭和34	昭和35	昭和36	昭和37	昭和39	昭和40	昭和42
静岡県山葵協会改め連合会となる		静岡県の山葵農家、和歌山県から真妻種の導入始まる 静岡県山葵研究所、同県農業試験場わさび分場に名称変更 井上靖、随筆「わさび美」を発表				全国山葵組合生産者協議会 設立
伊勢湾台風	インスタントコーヒーの国内生産開始 池田勇人首相、「3年間は成長率9%、10年間に農民を3分の1に減らす」と言明(9月7日)。翌8日「農民6割減」と訂正。 女性の平均寿命初めて70歳を超える。男性65・32歳、女性70・19歳。男女差4・87歳	平均寿命 男性65・4歳、女性70・3歳。男女差4・9歳 農林業就業者、全就業者の29%となり初めて30%を割る	精米の1人1年当たりの消費量(外食仕向けを含む供給ベース)118・3キロと戦後のピークを記録。のち減少傾向となる。	東京オリンピック 東海道新幹線開通	平均寿命、男女差初めて5歳を超える。男性67・74歳、女性72・92歳。男女差5・18歳	

西暦	和暦	ワサビ関連	社会
	平成		
1968	昭和43	日原山山葵生産組合 設立	東名高速道路開通 「イサナギ景気」(カー、クーラー、カラーテレビ時代)始まる
1969	昭和44	粉わさびの表示に関する公正競争規約(公正取引委員会告示第3号)「粉わさび」を定義し、本わさびと誤認されるおそれがある文言、絵等の表示を禁止する	
1970	昭和45	エスビー食品、チューブ入り香辛料、洋風「ねりからし」発売	日本万国博覧会(大阪) 回転寿司「元禄寿司」が参加出店。全国から注目される
1971	昭和46	金印食品、「金印ねりわさび」発売	テレビドラマ「水戸黄門」第三部第五話「掟を破った黄門さま・駿河」放送
1972	昭和47	島根県で豪雨災害(7月)、水田山葵に壊滅的な被害 エスビー食品、「ねりわさび」を発売	札幌オリンピック
1973	昭和48		オイルショック
1974	昭和49	ハウス食品、「ねりわさび」を発売	
1979	昭和54	三好アグリテックワサビ苗販売開始	
1981	昭和56	井伏鱒二、短編「ワサビ盗人」を発表	
1983	昭和58	島根県で豪雨災害(7月)	
1986	昭和61	第1回全国山葵品評会が修善寺で開催される	
1987	昭和62	足立昭三著『ワサビ栽培』出版	
1991	平成3	ワサビの価格が下落	バブル崩壊
1994	平成6	猛暑でワサビの収穫量2割減(静岡)	

1995	平成	平成7	阪神淡路大震災	地下鉄サリン事件	
2001		平成13	静岡県山葵組合連合会マスコットキャラクター「わさびのさびちゃん」が誕生		
2003		平成15	日韓わさびシンポジウム―科学と文化を学ぶ―開催される		
2004		平成16			
2006		平成18	『ワサビのすべて―日本古来の香辛料を科学する』(木苗直秀ほか著)		
2006		平成18	日本において魚介類と肉類の1人1日あたりの摂取量が初めて逆転		
2007		平成19	第1回わさびフォーラム開催 12月10～11日、名古屋		
2008		平成20		リーマンショック	
2009		平成21	『美味しんぼ』(雁屋哲ほか著)103巻「日本全県味巡り 和歌山編」で真妻ワサビが詳しく紹介される		
2011		平成23	東日本大震災 田島幸信ら、わさび臭の火災警報装置でイグ・ノーベル賞(化学賞)受賞		
2013		平成25	「和食」がユネスコの無形文化遺産に登録され、わさびへの関心が世界的に高まる		

2014	平成	平成26		中西部太平洋まぐろ類委員会（WCPFC）、資源保護を目的に30キロ未満の幼魚の漁獲量を「２００２～２００４年平均の半分以下」に抑えることなどを決定。沿岸クロマグロ漁を承認制とし、地域や漁法ごとに漁獲上限を日本政府はが定める。
2015	平成	平成27	ワサビ新品種「伊づま」の登録が農林水産省から出願公表承認	１９２０年の国勢調査開始以来、初めての人口減少となる。
2017	平成	平成29		食品表示法の食品表示基準を改正　全ての加工食品の一番多い原材料について、原料原産地を義務付け
2018	平成	平成30	「静岡水わさびの伝統栽培」が世界農業遺産に認定される	
2019	平成 令和	平成31 令和1	橋本佳明ら、ワサビの辛み成分がヒアリの忌避効果をもつことを示す	
2020	令和	令和3		コロナウイルス流行

年表作成　山根京子・小林恵子